高等职业教育系列教材

集成电路版图设计项目教程

主　编　李　亮

副主编　吴　尘

参　编　钱国林　王　鹏

机 械 工 业 出 版 社

本书主要介绍集成电路版图设计。内容包括集成电路版图认知，MOS晶体管版图设计，反相器版图设计，数字单元版图设计，电阻、电容与电感版图设计，模拟集成电路版图设计，放大器版图设计，Bandgap版图设计，以及I/O与ESD版图设计等。

本书给出了大量版图设计项目，每个项目都配以电子资料、视频教程和详细的实施步骤，以方便读者学习与应用。采用循序渐进的方式，从集成电路设计平台开始，详细介绍了CMOS工艺、Linux操作系统和EDA软件的使用、常用元器件的版图设计方法、数字标准单元版图的设计技术、模拟集成电路版图匹配技术和设计，还有典型功能电路模块的版图设计。内容由易及难，由简单到复杂。

本书是1+X（集成电路类）职业技能等级证书配套教材，可作为高等职业院校和本科院校集成电路技术、微电子技术等专业的"集成电路版图设计"课程的教材，也可供从事集成电路设计的开发人员和版图设计爱好者阅读和参考。

本书配有微课视频，读者扫描书中二维码即可观看。另外，本书配有电子课件习题解答、工艺文件和设计实例源文件，需要的教师可登录机械工业出版社教育服务网（www.cmpedu.com）免费注册，审核通过后下载，或联系编辑索取（微信：13261377872，电话：010-88379739）。

图书在版编目(CIP)数据

集成电路版图设计项目教程/李亮主编．—北京:机械工业出版社,2022.1 (2024.1重印)

高等职业教育系列教材

ISBN 978-7-111-69763-3

Ⅰ．①集… Ⅱ．①李… Ⅲ．①集成电路-电路设计-高等职业教育-教材 Ⅳ．①TN402

中国版本图书馆CIP数据核字(2021)第248349号

机械工业出版社(北京市百万庄大街22号　邮政编码100037)
策划编辑：和庆娣　　责任编辑：和庆娣
责任校对：张艳霞　　责任印制：张　博

北京中科印刷有限公司印刷

2024年1月第1版·第4次印刷
184mm×260mm·14印张·346千字
标准书号：ISBN 978-7-111-69763-3
定价：59.00元

电话服务

网络服务

客服电话：010-88361066
　　　　　010-88379833
　　　　　010-68326294
封底无防伪标均为盗版

机 工 官 网：www.cmpbook.com
机 工 官 博：weibo.com/cmp1952
金 书 网：www.golden-book.com
机工教育服务网：www.cmpedu.com

　　集成电路，俗称"芯片"，被广泛运用于计算机、手机、水利和电力等公共设施和军事设备上，是信息技术产业的核心，更是支撑经济社会发展和保障国家安全的先导性产业。我国作为集成电路的制造和消费大国，在全球集成电路中始终占据一席之地。党的二十大报告指出，推动战略性新兴产业融合集群发展，构建新一代信息技术、人工智能、生物技术、新能源、新材料、高端设备、绿色环保等一批新的增长引擎。国家相关政策的扶持，也极大地促进了集成电路行业的发展。集成电路设计的涉及面广，内容复杂，其中版图设计是集成电路物理实现的基础技术。因为在芯片设计中，接口单元、标准逻辑单元、模拟与混合信号模块、存储器和多种 IP 模块的物理实现，都离不开基础的版图设计。

　　集成电路版图设计作为集成电路设计的后端设计，其作用是非常重要的。本书对现有教学模式进行了改革，优化以往集成电路版图设计的内容，采用项目化教学法，引入了线上课程、翻转课堂的教学模式。通过本书的学习，读者可以掌握 CMOS 集成电路基本单元的电路结构和工作机理；熟悉 IC 制造的典型工艺过程；掌握 IC 设计的基本流程和方法、版图设计与检查的方法和步骤；掌握 IC 版图设计常用软件工具的使用，熟悉版图的层次及基本图形、版图设计的基本方法与常用技巧；了解芯片晶圆厂的工艺设计文件、熟悉版图设计基本规则，能最大限度利用规则来优化版图面积，达到降低成本的目的，并能用专业化的语言和文字进行表述。从而培养读者具备集成电路版图设计的能力。

　　本书的章节按照课程教学顺序安排。连贯性强，每个项目的学习都为下一个项目的学习做了铺垫，建议不要跳跃式学习。项目 1 介绍 Linux 操作系统的发展和常用指令、集成电路版图设计与验证软件以及主流集成电路制造工艺；项目 2 介绍版图工艺设计规则、MOS 晶体管的版图设计以及 DRC 验证；项目 3 介绍反相器的版图设计和 LVS 验证；项目 4 介绍数字单元版图设计（包括逻辑门、触发器、比较器和 SRAM）技术和准则；项目 5 介绍电阻、电容与电感的版图设计方法；项目 6 介绍模拟集成电路版图的设计技术以及 Pcell 版图的设计方法；项目 7 介绍 MOS 晶体管的匹配设计技术、放大器版图设计和后仿真；项目 8 介绍无源器件匹配版图设计、PNP 版图设计和 Bandgap 版图设计；项目 9 介绍 Pad 与 ESD 版图设计。

　　本书可作为 1+X（集成电路类）职业技能等级证书考试中"版图设计"模块的培训用书，建议项目 1~项目 3 对应初级技能等级标准，项目 4~项目 5 对应中级技能等级标准，项目 6~项目 9 对应高级技能等级标准。

本书电路图中的符号保留了绘图软件自带的符号，可能与国家标准符号不一致，读者可查阅相关资料。

本书由苏州市职业大学李亮担任主编，吴尘担任副主编，钱国林和王鹏参编。杭州朗迅科技有限公司教研团队为本书提供了1+X（集成电路类）职业技能等级证书的典型工作案例和相关课程资源，在此表示衷心感谢。

由于编者水平有限，书中难免存在疏漏和不足之处，恳请读者批评指正。

编　者

目 录 Contents

前言

项目 1 | 集成电路版图认知 1

项目 2 | MOS 晶体管版图设计 38

项目 3 | 反相器版图设计 57

项目 4 / 数字单元版图设计 ·············· 74

项目 5 / 电阻、电容与电感版图设计 ·············· 126

项目 6 / 模拟集成电路版图设计 ·········· 139

项目 7 / 放大器版图设计 ·········· 157

项目 8 / Bandgap 版图设计 ·········· 180

项目 9　I/O 与 ESD 版图设计 ┈┈┈┈┈┈┈ 201

附录 ┈┈┈┈┈┈┈┈┈┈┈┈┈┈┈┈┈ 211

参考文献 ┈┈┈┈┈┈┈┈┈┈┈┈┈┈┈┈┈ 216

项目1　集成电路版图认知

进行集成电路版图设计必须掌握其设计平台的知识，包括 Linux 操作系统、虚拟机和设计软件等。Linux 操作系统是设计软件运行的环境，本项目介绍 Linux 操作系统的发展史及常用 Linux 操作系统的发行版本，重点介绍 Ubuntu 系统。通过虚拟机可以在 Windows 操作系统环境下运行 Linux 操作系统，本项目介绍虚拟机安装 Ubuntu 的过程。集成电路设计软件很多，本项目介绍主流的三个软件，重点介绍 Virtuoso 和 Calibre。本项目对集成电路版图设计的概念、设计分类及设计流程进行了阐述，详细介绍 N 阱 CMOS 工艺流程和版图设计的绘图，读者通过实践操作可以认识版图设计软件以及一些基础工具的使用方法。

任务1.1　集成电路版图设计平台

目前主要有三大操作系统：Windows 操作系统、Linux 操作系统和 UNIX 操作系统。UNIX 操作系统诞生于 20 世纪 60 年代末，Windows 操作系统诞生于 20 世纪 80 年代中期，Linux 操作系统诞生于 20 世纪 90 年代初，可以说 UNIX 操作系统是操作系统中最早出现的，后来的 Windows 操作系统和 Linux 操作系统大都参考了 UNIX 操作系统。目前流行的移动操作系统安卓系统是基于 Linux 操作系统的，苹果系统是基于 UNIX 操作系统的。在主流的操作系统中，现在很多的服务器运行着 Linux 操作系统，所以 Linux 操作系统又被称为"类 UNIX 操作系统"，下面先介绍 UNIX 操作系统。

1.1.1　UNIX/Linux 操作系统

1. UNIX 操作系统的起源

UNIX 操作系统是历史最悠久的通用操作系统。1969 年，美国贝尔实验室的肯·汤普森（Ken Thompson）和丹尼斯·里奇（Dennis Ritchie），在规模较小及较简单的分时操作系统的基础上用汇编语言开发出 UNIX 操作系统，1970 年其正式投入运行。肯·汤普森当年开发 UNIX 操作系统的初衷是为了运行一款名为 Space Travel 的计算机游戏，这款游戏模拟太阳系天体运动，由玩家驾驶飞船，观赏景色并尝试在各种行星上登陆。他先后在多个系统上试验，但运行效果都不理想，于是决定自己开发操作系统，就这样，UNIX 操作系统诞生了。

1970 年以后，UNIX 操作系统在贝尔实验室内部的程序员之间逐渐流行起来。同时肯·汤普森的同事丹尼斯·里奇发明了传说中的 C 语言，这是一种适合编写系统软件的高级语言，它的诞生是 UNIX 操作系统发展过程中一个重要的里程碑，它宣告了在操作系统的开发中汇编语言不再是主宰。1973 年，UNIX 操作系统被 C 语言进行了重写，这使得 UNIX 操作系统更容易修改，并且在不同 CPU（中央处理器）平台上可移植，这便成为 UNIX 操作系统一大重要特点，自此以后，UNIX 操作系统和应用程序几乎都用 C 语言编写，这样只需拥有相应平台上的 C 编译器，便可进行移植。C 语言与 UNIX 操作系统之间具有传统的密切关系。UNIX 操作系统的两个发明者肯·汤普森和丹尼斯·里奇由于在计算机领域做出的杰出贡献，于 1983 年获得了计算机领域的最高奖——图灵奖。

2. 常见 UNIX 操作系统

目前，常见的 UNIX 操作系统有 Solaris、FreeBSD、IBM AIX 和 HP-UX 等。

1）Solaris 是 Sun Microsystems 公司研发的计算机操作系统。它被认为是 UNIX 操作系统的衍生版本之一，是 UNIX 操作系统的一个重要分支。目前 Solaris 仍属于私有软件。在服务器市场上，Sun 的硬件平台具有高可用性和高可靠性，是市场上处于支配地位的 UNIX 操作系统。

2）FreeBSD 源于美国加利福尼亚大学伯克利分校开发的 UNIX 操作系统版本，它由来自世界各地的志愿者开发和维护，为不同架构的计算机系统提供了不同程度的支持。允许任何人在保留版权和许可协议信息的前提下随意使用和发行，并不限制将 FreeBSD 的代码在另一协议下发行，因此商业公司可以自由地将 FreeBSD 代码融入它们的产品中。苹果公司的 macOS 就是基于 FreeBSD 的操作系统。

3）其他 UNIX 操作系统版本因应用范围相对有限，在此不进行过多介绍。

3. Linux 操作系统介绍

Linux 操作系统是一种适用于个人计算机的类似于 UNIX 操作系统风格的操作系统。它的独特之处在于不受任何商业软件的版权制约，全世界都能自由免费使用。它支持多用户、多进程、多线程，并且实时性较好、功能强大而稳定。

Linux 操作系统是互联网上的独特现象。它是由学生业余爱好发展而来，但是现在它已经成为最为流行的免费操作系统。

现在，许多大学与研究机构都使用 Linux 操作系统完成日常计算任务，人们可以在家里 PC（个人计算机）上使用 Linux 操作系统，许多公司也在使用它。Linux 操作系统是具有专业水平的操作系统，绝大部分集成电路设计软件在 Linux 操作系统上才能运行。因此为了使用工作站（或 PC）进行集成电路设计，必须学会 Linux 操作系统的使用。

（1）Linux 操作系统的起源

Linux 操作系统起源于一个学生的业余爱好，芬兰赫尔辛基大学的林纳斯·托瓦兹（Linus Torvalds）是其创始人及主要维护者。Linus 上大学时开始学习 UNIX 操作系统，Linus 对 UNIX 操作系统不是很满意，于是决定自己编写一个保护模式下的操作系统软件。他以学生时代熟悉的 UNIX 操作系统为原型，在一台 Intel（英尔特）PC 上开始了他的工作。在 1991 年 8 月下旬，他完成了编写工作。

受工作成绩的鼓舞，他将这项成果通过互联网与其他同学共享。1991 年 10 月，Linux 操作系统首次被放到了 FTP（文件传送协议）服务器上供大家自由下载。有人看到了这个软件并开始分发，每当出现新问题时，有人会立刻找到解决办法并加入其中，正是这些人修补了系统中的错误，完善了 Linux 操作系统。Linux 操作系统正是凭着这样的挑战性和自由精神，逐步成为风靡全世界的操作系统。

（2）Linux 操作系统的优点

作为一种全新的操作系统，Linux 操作系统具有其他操作系统所无法替代的优点。

1）多任务的操作系统，可以同时执行几个程序。多任务系统就是同时可运行多个应用程序（或进程）的系统。

2）和所有 UNIX 操作系统版本一样，Linux 是一个多用户操作系统。与通常的 Windows 操作系统相比，Linux 操作系统允许多个用户同时登录，充分利用了操作系统的多任务功能。这样做的一大优势在于，Linux 操作系统可以作为应用程序服务器。用户可以从桌面计算机或终端通过局域网登录 Linux 操作系统服务器，实际在服务器上而不是在桌面 PC 上运行应用程序。

3) 几乎完全兼容现今 UNIX 操作系统。在 UNIX 操作系统下可以运行的程序，几乎完全可以移植到 Linux 操作系统上来。如果以程序设计的观点来看，在 Linux 操作系统平台上几乎能使用所有热门的语言，如 C、C++、Fortran、Basic、Java，等等。

4) 漂亮的 X 视窗（Window）系统，这是 Linux 操作系统独特的部分。在 X 视窗系统下，可以有多个虚拟视窗，多个视窗可以做许多的事，只要内存足够大，就可以一面看图，一面听歌，一面运行其他工作站上的浏览器来看网页。

5) 支持众多的应用软件。因为不仅有许多人为 Linux 操作系统免费开发软件，而且越来越多的商业软件也纷纷移植到 Linux 操作系统上来。

1.1.2　常用 Linux 操作系统介绍

Linux 操作系统被称为领先的操作系统之一，它被普遍和广泛使用着。全球有很多款 Linux 操作系统版本，每个系统版本都有自己的特性和目标人群。现在流行的主要有：红帽企业系统（Red Hat Enterprise Linux，RHEL）、红帽用户桌面版（Fedora）、国际化组织的开源操作系统（Debian）和基于 Debian 的桌面版（Ubuntu）、社区企业操作系统（CentOS）等 Linux 操作系统。

1. Red Hat Enterprise Linux

Red Hat Linux 俗称"红帽子"，是目前流行的 Linux 操作系统发行版本。Red Hat Enterprise Linux 是企业级 Linux 操作系统解决方案系列的旗舰产品。Red Hat Enterprise Linux 支持与 X86 兼容的服务器，提供最高级别的技术支持，是为大量安装部门级服务器和配置管理器而设计的。

Red Hat Enterprise Linux 包括了最全面的支持服务，能够支持达到 16 个处理器、64 GB 内存的最大型服务器架构，这使 Red Hat Enterprise Linux 成为大型企业部门及计算中心的最佳解决方案。

Red Hat Enterprise Linux 是最受欢迎的 Linux 服务器操作系统之一，几乎所有的 Linux 操作系统组件和各种软件都可以轻松地在其上使用。也是大部分集成电路设计软件的服务器系统，本书介绍的内容主要基于 Red Hat Enterprise Linux 5 操作系统。

2. Fedora

Fedora 是最好的 Linux 服务器发行版之一，其中包含了商业 Linux 操作系统发行版开发的实验性技术。对于 Linux 操作系统世界中的新手用户来说，这是一个全新的 Linux 服务器操作系统。它支持各种桌面环境，包括 Gnome、KDE 等。

3. Debian

Debian 曾被称为 Linux 操作系统发行版之王，也是目前流行的 Linux 服务器操作系统发行版。它是 Red Hat Enterprise Linux 的衍生产品，提供了稳定的服务器环境。

4. Ubuntu

Ubuntu 是一款基于 Debian 派生的产品，对新款硬件具有极强的兼容能力。目前普遍认为 Ubuntu 与 Fedora 都是极其出色的 Linux 操作系统桌面系统。

Ubuntu 提倡免费开源和个性化，安装简单，拥有人性化的桌面界面，支持多种软件，主流驱动大都可以在安装包中找到，拥有完善的安装包管理机制，兼容性好，应用程序种类多，可以下载很多个性化小工具，个性化体验非常棒。Ubuntu 在互联网上有一个庞大的社区。在论坛里，可以找到各种问题的解决方案。Ubuntu 既有桌面版也有服务器版。可以使用 Windows 操作系统的安装方法来安装 Ubuntu。Ubuntu 的一个最好的特性是：在其他操作系统中完成的事情，能够在 Ubuntu 中用更快、更安全的方式完成。Ubuntu 充满了各种免费的软件，可以很容易地进行日常工作，例如创建文件、编辑图片、播放音乐和视频，用最流行的浏览器（Mozilla，Chrome）浏览互联网等。可以说 Ubuntu 是 Linux 操作系统发行版中最好的 PC 操作系统。

如果想要下载 Ubuntu，可以访问网址为 https://ubuntu.com/download 的网址。推荐下载桌面版（Ubuntu desktop）。使用 Ubuntu 时，如果有疑问，可以访问 Ubuntu 网址为 https://forum.ubuntu.org.cn/ 的中文论坛，里面有相关 Ubuntu 的资料。Ubuntu 有一个简易的安装过程，它也支持用 CD/DVD 启动系统，从而不会打断用户当前的系统运行。

1.1.3 安装 Ubuntu 系统及 IC 设计软件

目前，Ubuntu 的最新版是 Ubuntu 20.10，它的安装需要计算机的配置很高，而且系统也很大。现在一般新计算机都是 64 位的，还有还多计算机是 32 位的。64 位的一般向下兼容 32 位的软件。鉴于这个原因，可以安装 Ubuntu 低版本 32 位的系统 ubuntu-9.10-desktop-i386。这个版本的 Linux 操作系统的安装包小，不到 700 MB，开关机只需要几秒钟，速度很快，占用内存小。

Ubuntu 一般在 Windows 操作系统里先安装虚拟机 VMware，再在 VMware 里安装 Ubuntu 系统。

Ubuntu 安装好以后，就可以在 Ubuntu 里安装集成电路设计软件了，本书版图设计软件使用的是 Cadence 的 IC610 和 Mentor 的 Calibre2008 这两个版本。这两个版本足可以满足学习所用，而且这两个设计软件加上 Ubuntu 系统容量也就 10 GB 左右，占用硬盘空间比较小。如果安装最新高版本的系统和软件，需要 50 GB 左右的空间，对计算机的配置要求也更高。

集成电路设计软件可以从网站下载，然后按照安装说明步骤一步一步地执行，就可以完成安装，网上也有很多安装教程可以参考，本书在此不再赘述。要学好版图设计，建议最好进行一下安装操作，从中也可以学习到很多 Linux 操作系统的知识。

1.1.4 Linux 操作系统常用指令

如果要想学好集成电路版图设计，必须要熟悉 Linux 操作系统和 IC 设计软件。IC 设计软件的学习，后续会详细介绍。因为 IC 设计软件运行在 Linux 操作系统平台上，因此应先学习 Ubuntu Linux 操作系统指令。

Ubuntu 系统具有 X-Window 视图窗口和字符终端窗口，X-Window 视图窗口操作方法和 Windows 操作系统类似，这里不再说明。字符终端为用户提供了一个标准的命令行接口，在字符终端窗口里，会显示一个 Shell 提示符，通常为"$"。有关 Shell 和终端的区别介绍如下：终端是一个接受来自键盘输入，能够在窗口绘制文本的程序。终端虽然能够接受来自键盘的输入，但是并不知道用这些输入来做什么。终端需要另一个程序来帮助它，这就是 Shell。Shell 将用户的输入解释为命令，找到对应的程序来执行用户的命令。并将执行的结果返回到终端。

Shell 也可以理解为用户输入指令的默认执行者。

　　用户可以在提示符的指引下输入带有选项和参数的字符命令，并能够在终端窗口里看到命令的运行结果，此后，将会出现一个新的提示符，标志着新命令行的开始。终端窗口支持一些文本编辑器特征，窗口的右边是一个滚动条，用户可以通过它来查看以前输入的命令以及产生的结果，如图 1-1 所示。

图 1-1　字符终端窗口

　　在 Ubuntu 系统下包含了很多常用的命令（大约有 2000 多条）；这些命令大部分可以通过在图形界面下使用鼠标操作来完成，但它们全部都可以在字符终端下通过命令行的方式来运行。在字符终端下使用命令行方式执行这些命令需要注意以下几个方面。

　　1）在 Linux 操作系统下命令名称是区分大小写的，比如：file 和 FILE 是不同的。

　　2）文件名最多可以有 256 个字符，可以包含数字、"."""_"""-"，以及其他一些不被建议使用的字符。

　　3）文件名前面带"."的文件在输入"ls"或者"dir"命令时一般不显示，可以把这些文件看成是隐含文件，当然也可以使用命令 ls -a 来显示这些文件。

　　4）"/"对等于 Windows DOS 下的"\"（根目录，意味着所有其他目录的父目录，或者是在目录之间和目录与文件之间的一个间隔符号）。

　　下面对 Ubuntu 系统中常用命令进行简单介绍，具体的步骤也可以参见各个命令对应的联机帮助手册。

1. 使用 pwd 命令判定当前目录

要判定当前目录在文件系统内的确切位置，请在终端输入命令 pwd。

可以看到类似以下的输出：

　　/home/ubuntu

以上例子表明，当前目录是在用户 user 的目录下，而这个目录又是在 /home 目录下。

pwd 命令代表"print working directory"（打印工作目录）。当输入 pwd 时，用户是在请求 Linux 操作系统显示用户当前的位置。系统便会在 shell 提示窗口中打印当前目录名作为回应。

2. 使用 cd 命令改变所在目录

要改变所在目录，应使用 cd 命令。只使用这个命令本身总是会把用户返回到该用户的主目录；要转换到其他目录中，需要一个路径名（pathname）。

　　用户可以使用绝对（absolute）或相对（relative）路径名。绝对路径从/（根目录）开始，然后循序到用户所需的目录；相对路径从用户的当前目录开始，当前目录可以是任何地方。下面的树形图显示了 cd 的运行方式。

```
/
/ directory1
/ directory1/directory2
/directory1/directory2/directory3
```

如果用户当前是在 directory3 之下，想转换到 directory1，移到目录树的上两层。当输入命令 cd directory1，那么当用户还在 directory3 目录中，这个命令会给用户一个错误消息，向用户说明该目录不存在。这是因为在 directory3 之下并没有 directory1 目录。

要向上移到 directory1，必须输入：

```
cd  /directory1
```

这是一个绝对路径的例子。它告诉 Linux 操作系统从目录树的顶端根目录（/）开始向下一直转换到 directory1 为止。如果一个路径的第一个字符是 /，那么这个路径就是绝对路径，否则，它就是相对路径。

使用绝对路径允许用户转换到从/根目录开始的下级目录中，它要求用户知道完整的路径。使用相对路径允许用户转换到相对于用户目前所在的目录的目录中。如果用户要改换到用户的当前目录下的子目录中，使用相对路径就会很方便。

命令 cd .. 告诉用户的系统向上移到该用户当前所在目录的直接上级目录中去。要向上移两级目录，请输入命令 cd ../.. 。

 注意：在用户标明要访问的目录或文件的相对路径之前，请一定要确保知道自己所在的工作目录。但是，如果用户标明的是到另一个目录或文件的绝对路径，则不必担心用户所在文件系统中的位置。如果不能肯定，输入命令 pwd，当前的工作目录就会在屏幕上显示出来，就可以用它作为使用相对路径名来转换目录的向导。

表 1-1 总结了 cd 命令的一些用法。

表 1-1　cd 命令用法

命　　令	功　　能
cd	把用户送回到他的登录目录
cd ~	把用户送回到他的主目录
cd /	把用户带到整个系统的根目录
cd /root	把用户带到根用户或超级用户的主目录；用户必须是根用户才能访问该目录
cd /home	把用户带到 home 目录，用户的登录目录通常储存在此处
cd ..	向上移动一级目录
cd ~其他用户	如果其他用户授予了相应权限，它会把该用户带到其他用户的登录目录
cd /dir1/subdir	无论用户在哪一个目录中，这个绝对路径都会把用户直接带到 subdir 中，即 dir1 的子目录
cd ../../dir3/dir2	这个相对路径向上移动两级，转换到根目录，然后转到 dir3，然后转到 dir2 目录中去

当用户想改换到根用户的登录目录时，输入：

```
cd  /root
```

如果没有以根用户身份登录，在访问该目录时会看到"*permission denied*（拒绝权限）"。拒绝到根用户和其他用户的账号（或登录目录）的访问是 Linux 操作系统防止有意或无意篡改文件信息的一种措施。

3. 使用 su 命令改换到根登录和根目录

当只输入 su 命令然后按〈Enter〉键，输入根用户密码（密码为 ubuntu）时，用户仍位于自己的登录 shell 中（用户的主目录），但是用户的身份已变成根用户（又称超级用户）。

用户一旦给出根指令，就会看到命令提示符已发生改变，这种改变显示了用户新获得的超级用户状态，根账号的名称在提示符的前端，"#"在提示符的后端。

当用户使用根用户身份进行的工作结束后，在提示下输入 exit 命令，就会返回到原来的用户账号。

4. 使用 ls 命令查看目录

使用 ls 命令就可以显示当前目录。

ls 命令有许多可用的选项。ls 命令本身不会向用户显示当前目录中的所有文件。某些文件是隐藏文件（又称"点文件"），只有在 ls 命令后指定附加的选项才能看到它们。

输入命令 ls -a 后会看到以"."起首的文件，如图 1-2 所示。

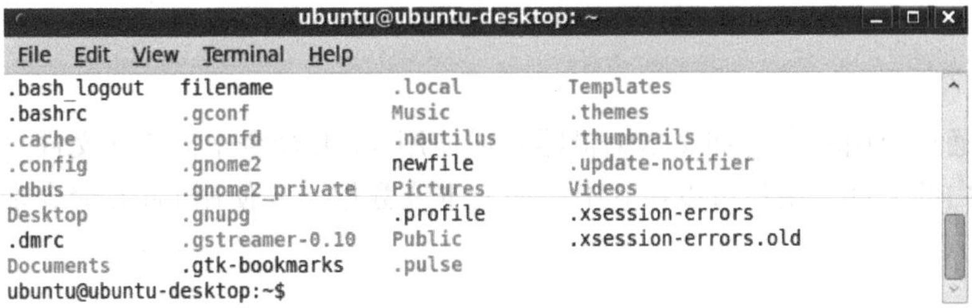

图 1-2　点文件

大多数隐藏文件是配置文件。它们为程序、窗口管理器和 shell 等设置首选项。它们被隐藏的目的是为了防止用户对其无意的篡改。当用户在目录中搜寻某项信息时，一般不是在寻找这些配置文件，因而当用户在 shell 下查看目录步骤时把它们隐藏起来可以避免屏幕的拥挤。

使用 ls -a 命令来查看所有的文件时，会向用户显示大量的细节。如果添加更多的选项，可以看到更多的细节。

如果用户想查看一个文件或目录的大小、创建时间，等，在 ls -a 命令后面添加 long（长）选项（-l）就可以了。这个命令显示了文件创建的日期、它的大小、所有者、权限，等。

当用户想使用 ls 命令来查看某目录时，不必位于该目录。比如，要在用户的主目录中查看 /usr 目录，输入：

```
ls  -al  /usr
```

与 ls 命令一起使用的一些常用选项包括：

1）-a 全部（all）。列举目录中的全部文件，包括隐藏文件（.filename）。位于这个列表的起始处的 .. 和 . 依次是指父目录和用户当前目录。

2）-l 长（long）。列举目录步骤的细节，包括权限（模式）、所有者、组群、大小、创建日期、文件是否是链接到系统其他地方，以及链接的指向。

3）-F 文件类型（File type）。在每一个列举项目之后添加一个符号。这些符号包括/表明是一个目录；@ 表明是到其他文件的符号链接；＊表明是一个可执行文件。

4）-R 递归（recursive）。该选项用递归方式列举所有目录（在当前目录之下）的步骤。

5）–S 大小（size）。按文件大小排序。

5. 使用 locate 命令定位文件和目录

有时候，知道某一文件或目录存在，但却不知该到哪里去找到它。这时可以使用 locate 命令来搜寻文件或目录。

使用 locate 命令，用户将会看到每一个包括搜寻条件的目录或文件。譬如，如果想搜寻所有名称中带有 ubuntu 词的文件，输入：

```
locate ubuntu
```

locate 命令使用数据库来定位文件或目录名中带有 ubuntu 这个词的文件和目录。

6. 使用 clear 命令清除终端

在 shell 提示下，即便只使用了一个 ls 命令，工作的终端窗口也会开始显得拥挤。虽然可以从终端窗口中退出再打开一个新窗口，但是要清除终端中显示的步骤，有一个更快、更简单的方法。

试着在 shell 提示下输入命令 clear。clear 命令会进行它字面上所暗示的操作，即清除终端窗口。

7. 创建文件和目录命令

用户可以通过应用程序（如文本编辑器）或使用 touch 命令来创建新文件。这两种方法都会创建一个空白的文件，用户可以在其中添加文本或数据。要使用 touch 命令来创建文件，在 shell 提示下输入：

```
touch newfile
```

把 newfile 替换成用户选定的名称。如果列举一下目录步骤，会看到该文件的大小为 0，这是因为它是一个空文件。

创建一个指定的新目录，输入：

```
mkdir dirname
```

8. 使用 cp 命令复制文件

和许多 Linux 操作系统的功能一样，操作文件和目录的方法也有很多种。用户还可以使用通配符来更快地复制、移动或删除多个文件。

要复制文件，输入：

```
cp "源" "目标"
```

把"源"替换成用户想复制的文件，把"目标"替换成用户想保存复制文件的目录名。

比如，要把文件 newfile 复制到用户的主目录中的 dirname 目录下，转换到用户的主目录，输入：

```
cp newfile dirname/
```

cp 命令可以使用绝对或相对路径。与 cp 命令一起使用的常用选项包括：

1）–i 互动。如果文件将会覆盖目标中的文件，它会提示用户确认。这个选项很实用，因为它可以帮助用户避免犯错。

2）–r 递归。一个一个地复制所有指定的文件和目录很烦琐，这个选项会复制整个目录树、子目录及其相关的所有信息。

3）−v 详细。向用户显示文件的复制进度。

例如，在主目录中已经有了文件 newfile，再使用一次命令 cp −i 可以把文件复制到同一位置，输入：

```
cp −i newfile ubuntu/
```

可以看到输出为：

```
cp:是否覆盖 ubuntu/newfile?
```

要覆盖原来的文件，按〈Y〉键，然后按〈Enter〉键。

如果不想覆盖原来文件，按〈N〉键，然后按〈Enter〉键。

9. 使用 mv 命令移动文件

使用 mv 命令来移动文件。

与 mv 命令一起使用的常用选项包括：

1）−i 互动。如果用户选择的文件会覆盖目标中的现存文件，它会进行提示操作。

2）−f 强制。它会超越互动模式，不提示并移动文件。

3）−v 详细。显示文件的移动进度。

如果用户想把文件从它的主目录中移到另一个现存的目录中（此时用户需要位于主目录内），输入：

```
mv newfile Desktop
```

另外的方法是，用同一个命令，但使用绝对路径，如输入：

```
mv /home/ubuntu/newfile /home/ubuntu/Desktop
```

10. 使用 rm 命令删除文件和目录

使用 rm 命令来删除文件和目录是一个直截了当的过程。与 rm 命令一起使用的常用选项包括：

1）−i 互动。提示用户确认删除。

2）−f 强制。代替互动模式，不提示并删除文件。

3）−v 详细。显示文件的删除进度。

4）−r 递归。将会删除某个目录及其中所有的文件和子目录。

要使用 rm 命令来删除文件 newfile，输入：

```
rm newfile
```

一旦文件或目录使用 rm 命令删除后，就没有办法被找回来了。

使用 −i（互动）选项会再给用户一次机会来决定是否真的删除该文件。例如，输入：

```
rm −i newfile
```

可以看到输出为：

```
rm:是否删除一般文件 newfile?
```

用户还可以使用 rm 命令来删除多个文件。例如，输入：

```
rm newfile1 newfile2
```

使用 rmdir 来删除目录要使用 rm 来删除目录且必须指定−r 选项。

譬如，如果用户想采用递归方式删除目录 dirname，可以输入：

```
rm –r dirname
```

如果想组合选项，例如强制一种递归方式删除，可以输入：

```
rm –rf dirname
```

11. 历史命令和〈Tab〉自动补全

用不了多久，用户就会感觉到一遍遍地重复键入相同命令并不是那么激动人心。一个小小的输入错误会破坏整个命令行。解决办法之一是使用命令行历史。通过使用键盘上〈↑〉和〈↓〉键来分别进行上、下滚动操作，用户会发现许多前面已经输入过的命令。

另一个省时的工具又称为命令自动补全。如果用户输入了文件名、命令或路径名的一部分，然后按〈Tab〉键，bash 要么会把文件或路径名的剩余部分补全，要么会给予一个响铃（如果系统中启用了声效的话）。如果得到的是响铃，只需再按一次〈Tab〉键来获取与已输入的部分匹配的文件或路径名的列表。

12. Linux 操作系统文件权限

每个 Linux 操作系统文件具有四种访问权限，分别为：可读（r）、可写（w）、可执行（x）和无权限（–）。

（1）利用 ls –l 命令可以看到某个文件或目录的权限

它以显示数据的第一个字段为准。第一个字段由 10 个字符组成，命令格式如下：

```
–rwxr–xr–x
```

1）第 1 位表示文件类型，"–"表示文件，"d"表示目录。

2）第 2~4 位表示文件所有者的权限。

3）第 5~7 位表示文件所有者所属组成员的权限。

4）第 8~10 位表示所有者所属组之外的用户的权限。

5）第 2~10 位的权限总和有时称为所有权限。

以上例子中，表示这是一个文件（非目录），文件所有者具有读、写和执行的权限，所有者所属组成员和所属组之外的用户具有读和执行的权限而没有写的权限。

（2）文件权限修改命令 chmod

1）用数字表示法修改权限。

所谓数字表示法，是指将 r、w 和 x 分别用 4、2、1 来代表，没有授予权限的则为 0，然后把权限相加，如表 1-2 所示。

表 1-2 数字表示法修改权限

原 始 权 限	转换为数字	数字表示法
rwxrwxr–x	（421）（421）（401）	775
rwxr–xr–x	（421）（401）（401）	755

修改权限的例子：将文件 test 的权限修改为所有者和组成员具有读写的权限，其他人只有读权限，命令为：

```
chmod 664 dirname
```

2）用文本表示法修改权限。

文本表示法用 4 个字母表示不同的用户：

u 表示所有者；g 表示组成员；o 表示其他成员；a 表示所有人。

权限仍用 r、w 和 x 表示，和数字表示法不同，文本表示法不仅可以重新指定权限，也可以在原来权限的基础上增加或减少权限，改变权限代表的含义如下：

① =。重新制定权限。

② -。对目前的设置减少权限。

③ +。对目前的设置增加权限。

例子，将上述例子中，所有者加上执行权限，组成员减少执行权限，其他成员设置为执行权限，执行以下命令：

```
chmod u+x,g-x,o=x dirname
```

 注意：逗号前后不能有空格。

（3）目录权限

目录权限的修改和文件权限修改不同，只是四种权限，代表的含义如下：

1）r。可列出目录中的步骤。

2）w。可在目录中创建、删除和修改文件。

3）x。可以使用 cd 命令切换到此目录。

4）-。没有任何此目录的访问权限。

 注意：目录可以使用匹配符 "＊" 来表示目录中的所有文件，如将 dirname 目录中的所有文件的权限设置为任何人都可以读写，则可以使用命令：

```
chmod 666 dirname/ *
```

13. 归档、压缩命令

tar 文件是几个文件和（或）目录在一个文件中的集合，这是创建备份和归档的佳径。

与 tar 命令一起使用的选项包括：

1）-c。创建一个新归档。

2）-f。当-f 与-c 选项一起使用时，创建的 tar 文件使用该选项指定的文件名；当-f 与-x 选项一起使用时，则解除该选项指定的归档。

3）-t。显示包括在 tar 文件中的文件列表。

4）-v。显示文件的归档进度。

5）-x。从归档中抽取文件。

6）-z。使用 gzip 来压缩 tar 文件。

下面介绍几个例子。

（1）创建一个 tar 文件

输入：

```
tar -cvf filename. tar directory/file
```

在以上的例子中，filename. tar 代表用户创建的文件，directory/file 代表用户想放入归档文件内的文件和目录。

（2）抽取 tar 文件的步骤

输入：

> tar -xvf filename. tar

这个命令不会删除 tar 文件，但是它会把被解除归档的步骤复制到当前的工作目录下，并保留归档文件所使用的任何目录结构。

（3）创建一个用 tar 和 gzip 归档并压缩的文件

使用-z 选项，输入

> tar -czvf filename. tgz file

按照约定俗成，使用 gzip 来压缩的 tar 文件具有 . tgz 扩展名。

这个命令创建归档文件 filename. tar，然后把它压缩为 filename. tgz 文件（文件 filename. tar 不被保留）。如果使用 gunzip 命令来给 filename. tgz 文件解压，filename. tgz 文件会被删除，并被替换为 filename. tar。

用户可以用单个命令来扩展 gzip tar 文件，输入：

> tar -xzvf filename. tgz

14. vi 编辑器的使用

vi/vim（visual edit）是 Linux 操作系统中重要的文本编辑工具，也是最常用的一种工具，因此，熟悉 vi 是学习使用 Linux 操作系统的一个重要环节。vi 是一个简单的应用程序。它在 shell 提示内打开，并允许用户查看、搜索和修改文本文件。要启动 vi，在 shell 提示下输入 vi。要在 vi 内打开文本文件，在 shell 提示下输入：

> vi filename

vi 分为三种模式，分别是"普通模式"，"编辑（插入）模式"和"指令列（末行）命令模式"。下面这三种模式的作用。

（1）普通模式

当 vi 处理一个文件的时候，一进入该文件就是普通模式了。在这个文件中用户可以使用〈↑〉〈↓〉〈←〉〈→〉方向键来移动光标，也可以使用"删除字符"或"删除整行"来处理文件步骤，还可以使用"复制，粘贴"来处理文件数据。

（2）编辑模式

在普通模式中可以进行删除、复制、粘贴，等的动作，但是却无法进行编辑操作。要输入"i, I, o, O, a, A, r, R"等字符之后才能进入编辑模式。注意：通常在 Linux 操作系统中，输入上述这些字符时，在画面的左下方会出现"Insert 或 Replace"的字样，才可以输入任何字来输入到用户的文件中。而如果要回到普通模式时，则必须要按〈Esc〉键才可退出编辑模式。

（3）指令列命令模式

在普通模式中，输入"："或"/"或"?"就可以将光标移动到最底下那一行，在这个模式当中，可以提供用户搜索资料的功能，而读取、存盘、大量替换字符、离开 vi 和显示行号，等的动作都是在此模式中达成的。

按照默认配置，vi 在普通模式下打开文本文件，这意味着用户可以查看文件，或在文件中运行内建的命令，但是不能在其中添加文本。要添加文本，按〈i〉键（insert，代表"插入"模式），这个模式会允许用户进行所需的修改。要退出插入模式，按〈Esc〉键，vi 就会还原到普通模式。

　　要退出 vi，输入"〈:〉"（它是 vi 的"命令"模式），然后按〈q〉和〈Enter〉键。如果用户已改变了文本文件，并想保存所进行的改变，输入":"，然后输入"w"和"q"来把改变写入文件并退出程序。如果用户意外地改变了文件，并想不保存这些改变而退出 vi，输入":"，然后输入"q"和"!"，这样，退出时就不会保存改变。

　　vi 工具的参数和功能比较多，下面对这些参数和功能分别进行详细的介绍。

　　1）进入 vi 的命令。

　　进入 vi 的命令及对应功能说明如表 1-3 所示。

表 1-3　vi 的命令及对应功能说明

命令格式	功能说明
vi filename	打开或新建文件，并将光标置于第一行首
vi－r filename	在上次用 vi 编辑发生系统崩溃时，恢复 filename

　　2）移动光标类命令。

　　移动光标类命令及对应功能说明如表 1-4 所示。

表 1-4　移动光标类命令及对应功能说明

命令格式	功能说明
h	光标左移一个字符
l	光标右移一个字符
空格键	光标右移一个字符
〈BackSpace〉键	光标左移一个字符
k	光标上移一行
j	光标下移一行
〈Enter〉键	光标下移一行
w 或者 W	光标右移一个字至字首
b 或者 B	光标左移一个字至字首
e 或者 E	光标右移一个字至字尾
）	光标移至句尾
（	光标移至句首
}	光标移至段落开头
{	光标移至段落结尾
nG	光标移至第 n 行首
n+	光标下移 n 行
n－	光标上移 n 行
n$	光标移至第 n 行尾
H	光标移至屏幕顶行
M	光标移至屏幕中间行
0	光标移至当前行首
$	光标移至当前行尾

3）屏幕翻滚类命令。

屏幕翻滚类命令及对应功能说明如表 1-5 所示。

表 1-5　屏幕翻滚类命令及对应功能说明

命 令 格 式	功 能 说 明
〈Ctrl+U〉	向文件首翻半屏
〈Ctrl+D〉	向文件尾翻半屏
〈Ctrl+F〉	向文件尾翻一屏，相当于〈Page Down〉键
〈Ctrl+B〉	向文件首翻一屏，相当于〈Page Up〉键

4）插入文本类命令。

插入文本类命令及对应功能说明如表 1-6 所示。

表 1-6　插入文本类命令及对应功能说明

命 令 格 式	功 能 说 明
i	在光标前
I	在当前行首
a	在光标后
A	在当前行尾
o	在当前行之下新开一行
O	在当前行之上新开一行
r	替换当前字符
R	替换当前字符及其后的字符，直至按〈ESC〉键

5）删除命令。

删除命令及对应功能说明如表 1-7 所示。

表 1-7　删除命令及对应功能说明

命 令 格 式	功 能 说 明
ndw	删除光标处开始及其后的 n-1 个字
d0	删至行首
d$	删至行尾
ndd	删除当前行及其后 n-1 行
x 或 X	删除一个字符，x 用于删除光标后的，而 X 用于删除光标前的

6）搜索与替换命令。

搜索与替换命令及对应功能说明如表 1-8 所示。

表 1-8　搜索与替换命令及对应功能说明

命 令 格 式	功 能 说 明
/pattern	从光标开始处向文件尾搜索 pattern
?pattern	从光标开始处向文件首搜索 pattern
n	在同一方向重复上一次搜索命令
N	在反方向上重复上一次搜索命令

（续）

命令格式	功能说明
: s/p1/p2/g	将当前行中所有 p1 均用 p2 替代
: n1,n2s/p1/p2/g	将第 n1 至 n2 行中所有 p1 均用 p2 替代
: g/p1/s//p2/g	将文件中所有 p1 均用 p2 替代

使用 vi 建立一个文件名为 test 的文件，需执行以下命令：

[user@ localhost ~]$vi   test

其整个步骤为：

1）使用 vi 进入普通模式。

直接输入"vi filename"即可进入 vi 了，如图 1-3 所示，左下角还会显示这个文件目前的状态。如果是新建文件会显示"New File"，如果是已存在的文件，则会显示目前的文件名、行数与字符数，例如，"/etc/man. config" 145L，4614C。

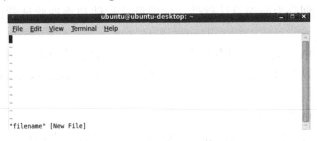

图 1-3　利用 vi 开启一个文件

2）按〈i〉输进入编辑模式。

在普通模式之中，只要输入"i""o""a"等字符，就可以进入编辑模式了。在编辑模式当中，用户可以发现在左下角会出现"Insert"的画面，那表示可以输入任意字符的提示。这个时候，键盘上除了〈Esc〉这个按键以外，其他的按键都可以视为一般的输入按钮了，所以用户可以进行任何的编辑。

3）按〈Esc〉键回到普通模式。

假设用户已经按照上面的样式编辑完毕，那么应该如何退出呢？很简单，就是按下〈Esc〉键就可以了，这时会发现画面左下角的"Insert"不见了。

4）在普通模式中存储后离开。

存盘并离开的指令很简单，输入"：wq"即可存档离开（注意：输入"："该光标就会移动到最底下一行）。如图 1-4 所示。

图 1-4　利用 vi 存储文件

任务 1.2 EDA 软件

EDA（Electronic Design Automation）即电子设计自动化，它是一种实现电子系统设计自动化的技术，是一个多学科的技术，与电子技术、微电子技术和硅加工技术等密切相关，同时它还吸收了计算机领域的大多数研究成果，以计算机软件作为实现工具，利用计算机图形学、数值计算技术以及人工智能等多种学科的研究成果而开发出来的一整套电子设计 CAD（计算机辅助设计）通用软件工具，来帮助电子设计工程师从事电子组件产品和系统设计的综合技术。

1.2.1 集成电路设计 EDA 软件介绍

EDA 是集成电路（IC）设计必需的、也是最重要的软件设计工具，EDA 产业是 IC 设计的上游产业。经过几十年发展，从仿真、综合到版图，从前端到后端，从模拟到数字再到混合设计，以及后面的工艺制造等，现代 EDA 工具几乎涵盖了 IC 设计的方方面面，其功能十分全面。EDA 可以粗略地划分为前端设计软件、后端设计软件和物理验证软件，各个软件之间有所重合。

目前国内从事 EDA 研究的公司有华大九天、芯禾科技、广立微、博达微、芯愿景、圣景微和技业思等。全球从事 EDA 知名公司主要有 Cadence、Synopsys 和西门子旗下的 Mentor Graphics 等。

下面介绍主流 EDA 发展概况。

1）Synopsys 成立于 1986 年，在 2008 年成为全球排名第一的 EDA 软件工具厂商，为全球电子市场提供技术先进的集成电路设计与验证平台。Synopsys 在 EDA 行业的市场占有率约 30%，它的逻辑综合工具 DC 和时序分析工具 PT 在全球 EDA 市场几乎处于垄断地位。

2）Cadence 成立于 1988 年，EDA 行业销售排名第二。Cadence 产品涵盖了电子设计的整个流程，包括系统级设计、功能验证、集成电路综合及布局布线、IC 物理验证、模拟混合信号及射频集成电路设计和全定制集成电路设计等，致力于为用户提供电子设计自动化、软件、硬件以及解决方案等服务，旨在帮助其缩短将电子产品投入市场的时间和成本。

3）Mentor Graphics 成立于 1981 年，是一家 EDA 软件和硬件公司，也是电路板解决方案的市场领导者，主要提供电子设计自动化先进系统软件与模拟硬件系统。Mentor 的工具目前虽没有涵盖整个芯片设计和生产环节，但在有些领域，如集成电路版图验证 Calibre 工具等方面有相对独到之处。

1.2.2 Virtuoso 版图设计软件

1. Cadence 设计工具介绍

集成电路的蓬勃发展有赖于 EDA 工具。其中大部分设计使用的是 Cadence 系列工具，它几乎可以完成电子设计的方方面面，包括 ASIC（专用集成电路）设计、FPGA（现场可编程门阵列）设计和 PCB（印制电路板）设计。与 EDA 软件 Synopsys 相比，Cadence 的综合工具略为逊色。然而 Cadence 在仿真、电路图设计、自动布局布线、版图设计及验证等方面却有着绝对的优势。设计者常用的工具，例如仿真工具 Verilog-xl，布局布线工具 Preview 和 SOC Encounter，电路图设计工具 Composer，电路模拟工具 Analog Artist，版图设计工具 Virtuoso Layout Editor，版图验证工具 Diva、Assura、Dracula。这些工具的使用，大大提高了设计的效率。

2. Cadence Virtuoso 设计平台

Virtuoso 设计平台是一套全面的系统，能够在多个工艺节点上加速定制 IC 的精确芯片设计。Virtuoso 设计平台为定制模拟、射频和混合信号 IC 提供了极其迅速而精确的设计方式。Virtuoso 的模拟电路设计平台是一个全定制设计平台的模拟电路设计与仿真环境。它是标准的基于任务的环境，用于仿真和分析全定制、模拟电路和射频集成电路设计。模拟电路设计环境有图形用户界面，集成波形显示和分析以及分布式处理等。主要包括原理图编辑器、版图编辑器、设计规则检查器（DRC）、版图原理图（LVS）验证器和寄生参数提取（RCX）等。

3. Virtuoso Layout Suite 设计平台

Layout Suite 设计平台包含 L（高级全定制多边形编辑）、XL（更灵活的原理图驱动和约束驱动式辅助全定制版图）和 GXL（自动化全定制版图）三种工具。

本书的版图设计就是基于 Virtuoso Layout 的 L 设计平台进行的。

1.2.3　Calibre 验证工具

随着芯片集成度和规模的不断提高，在设计的各个物理层次上所需运行的版图验证也相应增多。目前，业界常用的版图验证工具是 Cadence Dracula 和 Mentor Calibre。其中 Calibre 工具已经被众多设计公司、单元库和 IP 开发商、晶圆工厂采用作为集成电路的物理验证工具。Calibre 具有先进的分层次处理功能，能在提高验证速率的同时，优化重复设计层次化的物理验证工具。Calibre 物理验证工具，它已作为 Cadence Virtuoso 的插件，Virtuoso 的用户能够直接调用 Calibre 进行版图验证工作。

本书的版图验证就是基于 Calibre 进行的。

任务 1.3　集成电路版图设计基础

集成电路产业是一个全球高效协调、彼此制约、共同发展的一个高科技支柱性产业，任何一个国家独立支配都很难，需要协同共进，建立良好的全球发展态势，互惠互赢。我国的集成电路产业发展，任重道远，需要我辈努力学习，为国家芯片产业添砖加瓦。

集成电路设计方法涉及面广，内容复杂，其中版图设计是集成电路物理实现的基础技术。版图设计的质量好坏直接影响到集成电路的功耗、性能和面积。

1.3.1　版图设计概念

在系统芯片（System-on-Chip，SoC）设计中，集成了接口单元、标准逻辑单元、模拟与混合信号模块，存储器（ROM、RAM）和多种 IP（内核）模块。所有这些模块的物理实现，都离不开基本的版图设计。

版图设计是创建工程制图的精确的物理描述的过程，而这一物理描述遵守由制造工艺、设计流程以及通过仿真显示为可行的性能要求所带来的一系列约束。通俗来说，IC 版图设计就是按照电路图的要求和一定的工艺参数，设计出元件的图形并进行排列互连，以设计出一套供 IC 制造工艺中使用的光刻掩膜版图形。版图是一组相互套合的图形，各层版图相应于不同的工艺步骤，每一层版图用不同的图案来表示。版图与所采用的制备工艺紧密相关。设计工艺有许多种，本书重点讨论 CMOS 工艺。

作为版图设计的初学者来说，主要学习如何利用版图设计工具，通过编辑基本图形（如连线、矩形和多边形等）得到晶体管和其他基本元器件的版图，然后将这些基本元器件互连生成小规模的单元，通过逐层绘图的方式完成整个集成电路的版图设计。

1.3.2 版图设计分类

在实践中，版图设计类型可分为标准版图设计、半定制版图设计和全定制版图设计。标准版图设计通常用于数字集成电路的标准单元库、输入/输出单元库等；存储器的版图设计属于半定制版图设计，它的存储单元版图采用标准单元库的设计方法，其余部分则为不规则的版图设计；模拟与混合信号的版图设计以及射频电路的版图设计则属于全定制的版图设计。

1. 标准版图设计

数字标准单元中主要包括：组合逻辑单元和时序逻辑单元。对于标准单元设计，从布尔逻辑描述并定义单元的逻辑关系开始，接着是电路设计与电路仿真，而后开始版图设计。版图设计需要符合制造工艺规则检查（Design Rule Check，DRC）和版图电路一致性检查（Layout Versus Schematic，LVS）通过才算完成。数字电路的标准单元版图设计后，还要进行寄生参数提取（Parasitic Extraction，PEX），供电路设计者进一步拟合优化处理。

2. 半定制版图设计

在半定制版图设计中，例如具有 6 个晶体管的 SRAM 或者仅有 1 个晶体管 1 个电容的 DRAM，它们的标准小单元高度和宽度尺寸设置与标准逻辑单元无关，需要单独设计。这一类设计既要兼顾标准版图设计的通用性，又要考虑到重复使用单元在当前模块设计中使用的灵活性。

还有一类特殊的半定制版图称为客户自有技术，在专用集成电路（ASIC）中经常采用。闪存（Flash Memory）的基本单元（NAND 和 NOR 单元）与上述 SRAM 和 DRAM 的基本单元类似，也是采用半定制版图设计。众所周知，NAND 闪存已经广泛用于新型的固态存储器（SSD）中。

熟练地掌握了标准单元版图设计之后，对于半定制版图设计方能驾轻就熟，举一反三。

3. 全定制版图设计

在模拟和混合信号芯片设计中，包括常见的模拟前端控制器、模-数转换器（ADC）、数-模转换器（DAC）、运算放大器（OPAMP）和比较器（Comparator）等。更多地采用了全定制版图设计方法。尤其是射频电路的芯片设计，基本上必须通过全定制版图设计来实现，这样才能有效地达到电路的设计目标。

熟练地掌握了标准单元版图设计和半定制版图设计之后，才能对全定制版图设计方能驾轻就熟，运用自如。

一般说来，数字电路的标准单元或者其他电路设计由前端工程师完成；版图设计则由后端工程师完成。在模拟和混合信号模块或者芯片设计中，电路设计与版图设计融为一体，从而达到更好的性能要求。

1.3.3 版图设计的流程

版图设计的流程依据分类不同进行规划。版图设计的一般流程可以表述为：首先对版图进行规划，把整个电路划分成若干个单元，然后，确定各个模块在芯片中的具体位置，完成各个单元版图及单元之间的互连设计，最后对版图进行验证。

1. 版图规划与设计

准备好进行版图设计的电路图或者网表，整理出一份版图设计前的清单，设计版图，可以参考一些相同类型或相同工艺的设计。图 1-5 给出了一个版图规划的示例。

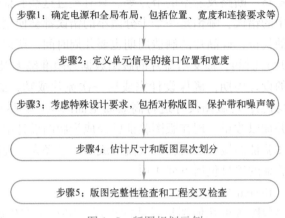

图 1-5　版图规划示例

1) 图 1-5 中"步骤 1"。确定电源和全局布局。电源连接通常称为电源网格，规划中必须考虑从接口到各部分之间的电源电阻，特别是电源线的宽度和电源线网格。另外，还需考虑那些需要对一个单元进行排列或者需要和其他单元进行无缝接合的单元设计。同时，阱接触孔和衬底接触孔通常都是连接到电源上的，因此与其相关的版图设计策略也必须加以考虑。

2) 图 1-5 中"步骤 2"。定义单元信号的接口位置和宽度。即设置单元输入信号和输出信号的位置和宽度，以及该设计与相邻设计之间的接口处的位置，其中接口被定义为设计的边界。在一些情况下，可能会为某些特殊信号指定一个特定的信号宽度，需要进行特殊考虑的信号包括时钟信号、信号总线、关键路径信号以及屏蔽信号等。

3) 图 1-5 中"步骤 3"。特殊设计要求处理，例如版图对称性、闩锁保护的特殊要求或者抗干扰性。其他一些特殊设计要求的例子还有：设计必须是间距匹配，设计必须有很明确的关键路径信号，设计中的一些非标准件等。

4) 图 1-5 中"步骤 4"。确定版图设计尺寸，以及估计在面积约束和进度限制下满足所有设计要求的可行性。设计人员需要估计出每个单元以及整个设计的尺寸，完成设计的整体层次划分和区域划分，并且还应指定进行内部布线和信号连接的区域，确定每个互连区域中的布线层。最终设计的尺寸，应该保留一些备用的信号和空间。

5) 图 1-5 中"步骤 5"。完整性检查和交叉检查，目的是确定所有的要求都被满足且没有遗漏。这些要求中，有些既和版图设计准则及工艺相关，又和电路设计要求相关，因此版图规划需要版图设计人员和电路设计人员之间进行交流，让电路设计人员参与到版图规划的核查过程中是很重要的。版图完整性核查一般需要检查版图规划、与设计尺寸相关的要求、版图结构和通道以及设计的接口。

至此，一个版图版图设计的初步规划已完成。版图设计中应该先将所有信号端口指定到合适的位置上，然后在此基础上定义接口或边界。应该确定有特殊要求的信号，在总面积的估算中应包含这些特殊信号所带来的面积影响。另外，如果该设计是分层设计，那么子单元也可以通过各自的接口来确定。最后，设计中还应包含备用空间和备用信号线等。

2. 版图验证

设计完成的版图必须经过版图验证的过程。版图验证是指采用专门的软件工具，对版图进行几个项目的验证，这些项目包括版图是否符合设计规则；版图有没有错误，即它和电路图是否一致；版图是否存在短路、断路及悬空的节点等。只有经过这些验证过程且合格的版图，才能用。否则，版图设计中的错误，哪怕是一个十分微小的错误都会使制造的芯片报废。因为制造一块芯片需要花很高的代价，硅晶片的制造周期也要几周时间。所以，为了降低芯片制作成本，缩短芯片制造（流片）时间，提交给流片的版图数据必须准确无误。

为了缩短集成电路的设计周期，确保设计完成后一次流片成功，必须借助计算机和 EDA 工具软件 Calibre 的强大功能，对版图设计进行高效而全面的验证，尽可能把版图设计中的错误在流片之前全部查出并加以改正。现在版图验证已经成为版图设计中一个必不可少的重要环节，事实证明，经过版图验证的检查之后，一次流片成功率已经大大提高。

集成电路版图常规验证的项目包括下列 4 项。

（1）设计规则检查（Design Rule Check，DRC）

设计规则是集成电路版图各种几何图形尺寸的规范，DRC 是在生成掩膜板图形之前，按照设计规则对版图几何图形的宽度、间距及层与层之间的相对包围位置等进行检查，以确保设计的版图符合预定的设计规则，能在特定的集成电路制造工艺下流片成功，并且具有较高的成品率。不同的集成电路工艺都具有与之对应的设计规则，因此设计规则检查与集成电路的工艺有关。DRC 为版图验证的必做项目。

（2）电学规则检查（Electrical Rule Check，ERC）

ERC 检查版图是否有基本的电气错误，如短路、断路和悬空的节点；检查是否有与工艺有关的错误，如无效器件、不适当的注入类型、不适当的衬底偏置、不适当的电源、地连接和孤立的电节点等。完成 ERC 后，将按照电位的不同来标记节点和元器件，并且产生图示输出。

（3）版图和电路图一致性检查（Layout Versus Schematic，LVS）

LVS 检查是把设计好的版图和电路图进行对照和比较，要求两者达到完全一致，原则上应对以下几方面进行验证：

1）所有信号的电气连接关系。包括输入、输出、电源信号与相应元器件的连接。

2）元器件尺寸。包括晶体管的宽度和长度、电阻大小、电容大小。

3）识别版图中未包括在电路图中的备用单元和悬空节点。

如果软件发现不符之处，错误信息将以报告形式输出。LVS 检查通常在 DRC 无误后进行，它是版图验证的另一个必查项目。

（4）版图寄生参数提取（Layout Parasitic Extraction，LPE）

LPE 是根据集成电路版图来计算和提取节点的固定电容电阻、二极管的面积和周长、MOS 晶体管的栅极尺寸和双极型器件的尺寸等，还可以提取寄生电阻和寄生电容参数，以便进行精确的电路仿真，从而更准确地反映版图的性能。最后输出和 SPICE 兼容格式的报告和版图参数。

在上述项目中，DRC 和 LVS 是必须要做的验证，LPE 用于版图参数提取以便于后仿真。而 ERC 一般与 DRC 同时完成，并不需要单独进行。

3. 设计流程及工具

在主流 EDA 工具上，按设计流程逐步完成版图设计、仿真。版图设计流程及所需工具如

表 1-9 所示。

表 1-9　设计流程及所需工具

流　程	功　能	工　具
电路图绘制，前仿真	电路设计	Virtuoso Schematic Editor IC5141&610-618
版图绘制	版图设计	Cadence Virtuoso Editor IC5141&610-618
版图设计规则验证	DRC 验证	Mentor CalibreInteractive DRC V2008-2019
	LVS 验证	Mentor Calibre Interactive LVS V2008-2019
后仿真	版图寄生参数提取	Mentor Calibre Interactive PEX V2008-2019

任务 1.4　CMOS 工艺与版图设计图层

集成电路图设计完成后，才能进行版图设计。版图设计与集成电路制造工艺紧密相关，先按照版图设计的图形加工成光刻掩膜板，再经过工艺制造出芯片。因此，版图设计是连接电路系统和制造工艺之间的桥梁。

1.4.1　N 阱 CMOS 工艺

CMOS（互补对称金属氧化物半导体）集成电路具有功耗低、速度快、抗干扰能力强和集成度高等众多优点。CMOS 工艺已成为当前大规模集成电路的主流工艺技术，绝大部分集成电路都是用 CMOS 工艺制造的。

CMOS 电路中包含了 N 沟道 MOS 晶体管和 P 沟道 MOS 晶体管。CMOS 制造工艺要求在同一块芯片衬底上形成 NMOS 和 PMOS 晶体管。NMOS 晶体管是做在 P 型硅衬底（P-Substrate，P-Sub）上的，而 PMOS 晶体管是做在 N 型硅衬底上的。要将两种晶体管都制作在同一个硅衬底上，就需要在硅衬底上制作一块反型区域，该区域被称为"阱"。根据阱的不同，CMOS 工艺分为 P 阱 CMOS 工艺、N 阱 CMOS 工艺以及双阱 CMOS 工艺。P 型阱制作在 N 型衬底上，而 N 型阱制作在 P 型衬底上。在双阱 CMOS 技术中，为了优化器件，可以生成与衬底类型相同的阱。其中 N 阱 CMOS 工艺由于工艺简单、电路性能较 P 阱 CMOS 工艺更优，从而获得了广泛的应用。

1. 制造工艺的简化步骤

图 1-6 为 P 型硅衬底上制造 CMOS 集成电路的简化步骤。

其中图 1-6 中"步骤 1"，在硅衬底中掺杂生成 N 阱区域，然后，在 NMOS 晶体管和 PMOS 晶体管有源区的四周逐渐形成场氧化层；"步骤 2"，形成栅极氧化层并制作栅极；"步骤 3"，通过掺杂形成源、漏区；"步骤 4"，继续制作接触孔、通孔和金属布线层；"步骤 5"，完成钝化、键合、封装、测试。这样，一个简单的芯片制造流程就完成了。

为了更好地了解 N 阱 CMOS 工艺，下面更加详细地介绍制造工艺的关键技术和步骤。

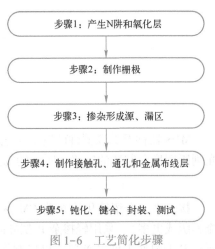

图 1-6　工艺简化步骤

2. 光刻

集成电路制造工艺的每一道工序都要求通过掩膜版来确定芯片上的特定区域，因而可以认为工艺就是制作掺杂、栅极、金属和绝缘二氧化硅的一系列材料层的过程。一般来说，制造完一层材料之后，才能在芯片上制作另一层材料。光刻就是将每一层掩膜上的图形转移到芯片上的各个特定层。因为每一层都有各自不同的要求，所以对每一层都要使用不同的掩膜版进行光刻。

光刻时存在正胶光刻和负胶光刻。正胶光刻是指在整个氧化层表面覆盖一层感光的光刻胶，经光刻掩膜版后用紫外线曝光后，被曝光区域变成可溶解的，可溶解部分就可以被刻蚀掉，留下成型的图案。正胶光刻经曝光显影后可溶于显影液，负胶光刻经曝光显影后不溶于显影液。另外，在同一块掩膜版上，正胶光刻和负胶光刻曝光显影后图形是相反的。光刻胶分两种，一种原先不可溶，但被紫外线曝光后变得可溶的称为正光刻胶；另一种最初可溶，但经过紫外线曝光变成不可溶的（硬化的）称为负光刻胶。负光刻胶对光敏感，但在光刻技术中的分辨率没有正光刻胶高，因此，在高密度集成电路制造中，负光刻胶的使用并不普遍。正光刻胶具有很好的对比度，所以生成的图形具有良好的分辨率。

图 1-7 为光刻成型的简化工序。

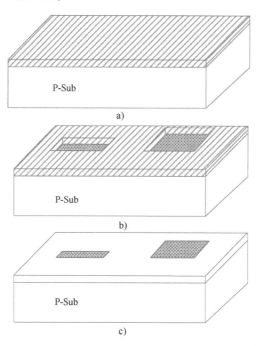

图 1-7　光刻成型的简化工序图

a）涂光刻胶　b）上掩膜版未成型结构　c）刻蚀显影成型的结构

MOS 器件及关联器件的制造工艺一般都要求在二氧化硅、多晶硅和金属层上多次完成由光刻版图形向制造的转移。所有的制造步骤中使用的制作工序都和图 1-7 中所示的工序类似。

3. N 阱 CMOS 工艺

接下来，介绍简化的 N 阱 CMOS 工艺，使用 8 块掩膜版的流程（高级一些的工艺用 12 块掩膜版或更多）。采用轻掺杂 P 型硅晶圆片作为衬底，可以在 P 型衬底上制作 NMOS 晶体管；而在 P 型衬底上做出 N 阱，可以制作 PMOS 晶体管。

1）制作 N 阱。在 P 型硅掺杂（如三价硼和铝）衬底上制作 N 阱，在二氧化硅层上通过光刻，刻蚀出 N 阱窗口，进行 N 阱掺杂（如 5 价的磷或砷），然后再重新生长薄氧化层，如图 1-8 所示。

图 1-8 制作 N 阱

2）制作薄氧化区（即有源区）。确定 PMOS 晶体管、NMOS 晶体管的有源区（即源、漏、栅区），然后完成场氧化层的生长，以及重新生长高质量的薄氧化层（即栅氧化层），如图 1-9 所示。

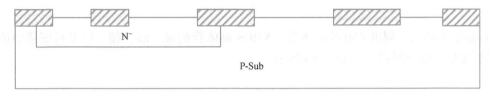

图 1-9 制作有源区

3）制作多晶硅栅，以及用于连线和电阻的多晶硅。首先在新生长的栅氧化层上淀积多晶硅（可以用化学气相淀积法），然后刻蚀出所需的多晶硅（可以用干法刻蚀），如图 1-10 所示。

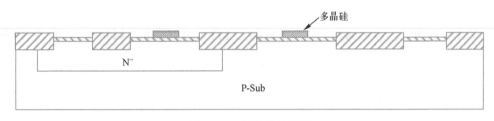

图 1-10 制作多晶硅栅

4）制作 P 型重掺杂区（P$^+$）。制作 PMOS 晶体管的源、漏、栅以及 NMOS 晶体管的衬底欧姆接触（这个衬底接触是 P 型的，用于给 NMOS 晶体管的衬底接相应电位，通常是低电平）。多晶硅栅本身作为源、漏掺杂离子的掩膜，离子被多晶硅栅阻挡，不会进入栅下的硅表面，这称为硅栅自对准工艺，如图 1-11 所示。

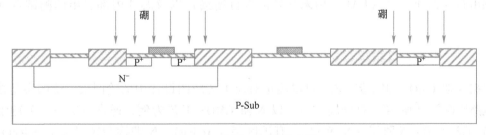

图 1-11 制作 P 型重掺杂区

5）制作 N 型重掺杂区（N$^+$）。N$^+$ 区掩膜是 P$^+$ 区的负版，即硅片上所有非 P$^+$ 区均进行 N$^+$ 离子的掺杂。有源区域是薄氧化层，利用硅栅自对准工艺完成 NMOS 晶体管的源、漏、栅以及 PMOS 晶体管的衬底欧姆接触（N 阱的欧姆接触，通常接高电平），然后生长氧化层，如图 1-12 所示。

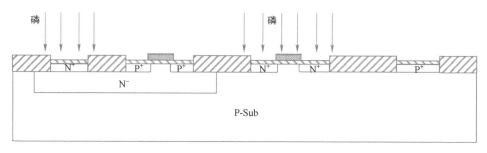

图 1-12　制作 N 型重掺杂区

6）制作接触孔。刻出 PMOS 晶体管，NMOS 晶体管的源、漏、栅，以及衬底接触的引线孔，然后淀积一层金属膜，如图 1-13 所示。

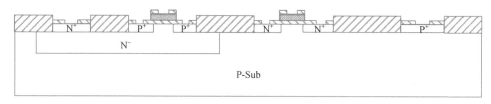

图 1-13　制作接触孔

7）制作金属布线。在金属膜上刻出所需的元器件电极引线和金属互连，如图 1-14 所示。

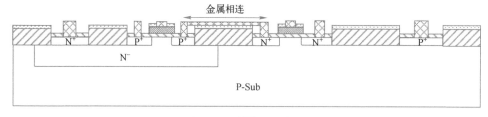

图 1-14　制作金属布线

8）制作钝化层。先淀积一层钝化膜（如氮化硅或磷硅玻璃等），避免杂质侵入或损伤；然后刻出芯片的压焊区（PAD，用来和外部进行连接）以及芯片内部引出的测试点（用于测试）。

1.4.2　版图绘图层

根据 N 阱 CMOS 的制造工艺，可以确定对应工艺版图设计中的绘图层。绘图层是指完成集成电路版图设计所需要的分层数目。以 N 阱 CMOS 工艺为例，通常情况下，关键绘图层（Area）的种类有：N 阱层（N-Well）、有源区层（Active）、N 型掺杂区层（N-Select）和 P 型掺杂区层（P-Select）、多晶硅栅层（Poly）、金属层（Metal）、接触孔层（Contact）和通孔层（Via）、文字标注层（Text）和焊盘层（Pad）等。

1. N 阱层

N 阱用来确定 N 型衬底的区域。PMOS 晶体管是制作在 N 阱中的，N 阱一般连接到电源 VDD 上。图 1-15 给出了 N 阱的截面图和对应的版图（图中 W 表示其宽度）。

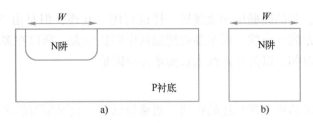

图 1-15　N 阱的截面图和版图

a）截面图　b）版图

2. 有源区层

有源区是导电区域，对应场区（场氧区）是绝缘区即非导电区域。晶体管的源区和漏区都属于有源区，源区和漏区分别在多晶硅栅两旁的有源区上。有源区旁的场氧区起隔离的作用。图 1-16 为有源区的截面图和掩膜版图。

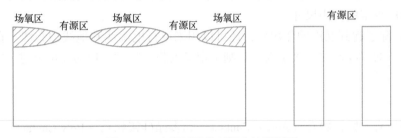

图 1-16　有源区的截面图和掩膜版图

3. N 型掺杂区层和 P 型掺杂区层

将 N 型离子或 P 型离子注入 N 型掺杂区（形成 POMS 晶体管）或 P 型掺杂（形成 NOMS 晶体管）中形成 MOS 晶体管，因此 N 型掺杂区或 P 型掺杂区是用来说明该区域为不同属性的有源掺杂区域。在不同的工艺下，N 型掺杂区或 P 型掺杂区（N^+ 或 P^+）结合对应有源区共同形成了扩散（Diffusion）区或离子注入（Implant）区。

N^+ 区域是通过将砷或磷离子注入硅片上有源区后所得到的。P^+ 区域是通过将硼离子注入硅片上有源区后所得到的。N^+ 区域的截面图和掩膜版图如图 1-17 所示。

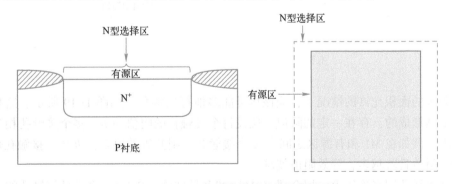

图 1-17　N^+ 区域的横截面图和掩膜版图

4. 多晶硅栅层

集成电路中的栅极通常用多晶硅来进行淀积。多晶硅除了可以用来淀积栅极之外，还可以用来生成电阻。另外,多晶硅栅层和金属层一样也可用于互连,但是由于金属的电阻比较小,所以可以作为任何地方的互连线。而多晶硅栅层的电阻比较大,所以在多晶硅栅层作为互连线的时候仅被用于单元内部,以防止走线太长而增加电阻值。

5. 金属层

金属层在集成电路芯片中起互连的作用。通常情况下,金属层数的多少表示了一个集成电路芯片的复杂程度,主要说明如下。

1)在芯片面积的约束下,仅仅依靠单层金属实现器件之间的互连基本上是不可能完成的,所以需要增加金属的层数。不同的金属层之间需要有绝缘层来进行隔离,其互连由它们之间的通孔来完成。

2)在版图设计中,金属层用线条来表示,线条拐角可以是90°也可以是45°,不同层的金属通常用 M1、M2 和 M3 等来表示,并用不同颜色的线条来进行区分。

3)金属层的线条需要满足一定的宽度要求,但由于芯片面积的约束,在实际布线中通常采用设计规则所规定的最小尺寸。

4)金属层除了起到互连的作用外,还可以用来进行电源线和地线的布线。在布电源线的时候,金属线条的宽度通常要大于设计规则中定义的最小宽度,以防止电流过大将金属线条熔断,造成短路现象。

6. 接触孔层和通孔层

接触孔包括有源区接触孔(Active Contact)和多晶硅接触孔(Poly Contact)。

有源区接触孔用来连接第一层金属和 N^+ 或 P^+ 区域,其横截面和掩膜版图如图 1-18 所示。在版图设计中有源区接触孔的形状通常是正方形。

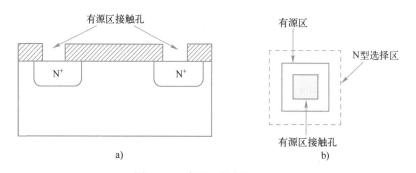

图 1-18 有源区接触孔图示

a)有源区接触孔横截面 b)有源区接触孔掩膜版

在有源区的面积允许的情况下,应该尽可能多地打接触孔,如图 1-19 所示。这是因为接触孔是由金属形成的,存在一定的阻值,假设每个接触孔的阻值为 R,多个接触孔相当于多个并联的电阻,假如在 M1 和有源区之间有 N 个接触孔,则其等效电阻为 R/N。接触孔数目越多即并联的电阻数目就越多,等效阻值就越小。

多晶硅接触孔用来连接第一层金属(M1)和多晶硅栅(Poly),多晶硅接触孔的形状通常也是正方形。多晶硅接触孔的横截面图和掩膜版图如图 1-20 所示。

通孔(Via)用于相邻金属层之间的连接,其形状同样也是正方形。在面积允许的情况下,同样应该尽可能多地打通孔。

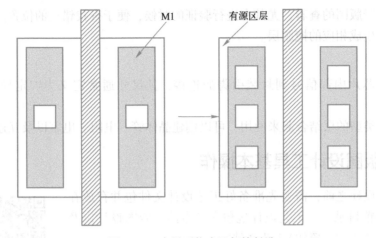

图 1-19　应尽可能多地打接触孔

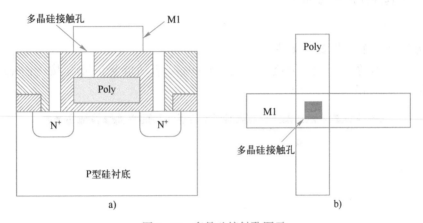

图 1-20　多晶硅接触孔图示

a）多晶硅横截面　b）多晶硅掩膜版图

在版图设计中，接触孔只有一层，而通孔可能需要多层。连接第一层和第二层金属的通孔表示为 V1，如图 1-21 所示。连接第二层和第三层金属的通孔表示为 V2，依此类推。

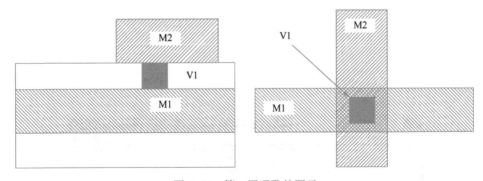

图 1-21　第一层通孔的图示

7. 文字标注层

文字标注层用于版图中的文字标注，目的是方便设计者对元器件、信号线、电源线和地线等进行标注，便于版图的查看，尤其在进行验证的时候，便于查找错误的位置。在进行版图制造的时候并不会生成相应的掩膜层。

8. 焊盘层

焊盘提供了芯片内部信号到封装引脚的连接，其尺寸通常定义为绑定导线需要的最小尺寸。

这8种主要类型的层结合起来使用，可以创建晶体管、电阻、电容以及互连线的版图。

项目实践：版图设计工具基本操作

在进行版图设计之前，需要先准备好工艺设计文件包并存放在 Ubuntu 系统的当前目录下。工艺设计包包含了电路、版图设计以及验证等文件。参见"配套资源\工艺文件"。

1-1 版图设计绘图

基本设计工具的使用步骤如下。

1. 版图设计环境设置

现在开始新建一个工艺设计文件。

1）在 Linux 操作系统里面打开终端，输入 Cadence 启动指令 icfb&，按〈Enter〉键。等待 Cadence 系统启动，如图 1-22 所示。

图 1-22　Cadence 启动

2）启动完成以后，在启动窗口依次选择"Tools"→" Library Manager"，如图 1-23 所示。

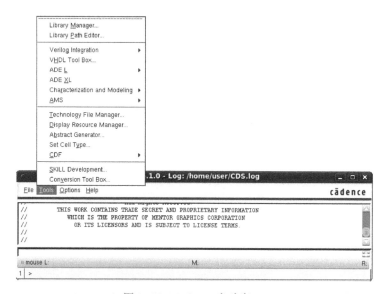

图 1-23　Cadence 启动窗口

3）弹出"Library Manager"（库管理）窗口，如图 1-24 所示。

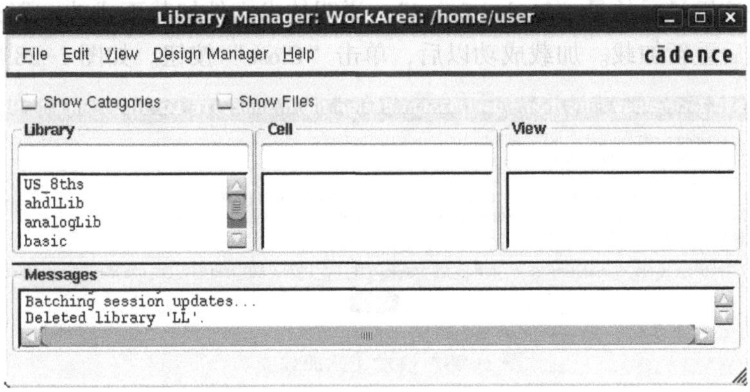

图 1-24 "Library Manager" 窗口

4）在库管理窗口依次选择"File"→"New"→"Library"，弹出"New Library"（新建库）对话框，如图 1-25 所示。一般情况下，在工程设计时，这里的库名是项目名字。在这里，为了好识别，在"Name"文本框中输入工程的名字，这里输入"LL"，然后单击"OK"按钮。

5）在弹出的"Technology File for New Library"（技术文件加载）对话框里，选择第 1 个单选按钮，即新建一个技术文件，然后单击"OK"按钮，如图 1-26 所示。

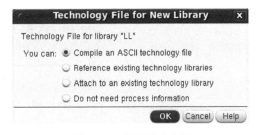

图 1-25 "New Library"（新建库）

图 1-26 新建技术文件

6）在弹出的"Load Technology File"对话框里面，找到画版图必须要有的技术文件，这个文件的扩展名是".tf"，并单击选中，然后单击"OK"按钮，如图 1-27 所示。

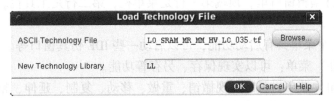

图 1-27 加载技术文件

7）在弹出的对话框中，一定要末尾显示"loaded successfully"，说明刚才加载的技术文件已经成功；如果这里显示的是"loaded failed"，说明技术文件加载不成功。那么需要重新去检查一下原因，然后重新加载。加载成功以后，单击"Close"按钮。如图 1-28 所示。

图 1-28　技术文件加载成功

2. 版图设计编辑器

（1）新建一个版图文件

1）库建好以后，开始新建一个版图文件，在库管理窗口选中库"LL"，然后依次选择"File"→"New"→"Cell View"，弹出"New File"（新文件）对话框。如图 1-29 所示。其中，"Type"（类型）中"Schematic"指的是新建一个电路原理图，然后把类型改成"layout"，可以新建一个版图。在"Cell"一栏输入名字"NEWCELL"，然后单击"OK"。

图 1-29　新建版图文件

2）这个时候会弹出一个版图编辑的窗口，在这里可以进行版图设计。

（2）版图设计编辑器介绍

先对版图设计编辑器窗口的屏幕大小进行调整，并将其调整到合适的位置，如图 1-30 所示。在这个版图设计编辑窗口里，顶端第一行是菜单栏，第二行是工具栏。

1）菜单栏介绍。

● "Launch"这个菜单具有启动功能，可以启动一些 IDE 仿真窗口等。

● "File"（文件）菜单：可以实现保存、另存等功能。

● "Edit"（编辑）菜单：可以实现撤销、重做、移动、复制、延伸、删除和旋转等操作。

● "View"菜单可以实现图形放大缩小，图形适中等处理，且还有其他高级使用。如放

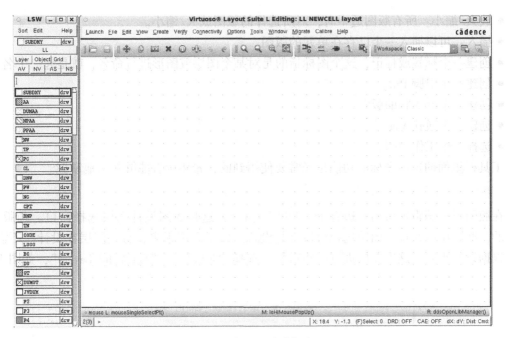

图 1-30　版图设计编辑窗口

大、缩小等操作，后面还会详细介绍。

- "Create"菜单：在这里面可以创建一些图形。在这个菜单下，"Shape"（形状）这一栏可以创建矩形，快捷键是〈r〉；"Polygon"可以创建多边形，快捷键是〈Shift+p〉；"Path"可以创建一个类似于路径形状的图形，快捷键是〈p〉；其他选项还可以创建各种类型的圆或椭圆。
- "Verify"菜单：可以使用 Diva 进行 DRC、LVS 等的验证。
- "Connectivity"菜单：可以建立一些连接。
- "Options"选项菜单：可以对绘图区进行一些显示、编辑等的处理。
- "Tools"工具菜单，有查找替换、创建标尺和清除标尺等功能。
- "Window"（窗口）菜单、"Migrate"菜单和"Help"（帮助）菜单，这些功能在此不详细介绍。
- "Calibre"菜单：是 Mentor 公司的一款软件验证工具，嵌入在版图编辑窗口里了。主要进行一些 DRC、LVS 等的验证，这是常用的验证工具，必须掌握。

2）菜单栏下面是工具栏，可以为设计版图提供一些快捷途径。其功能如下。

- 打开：可以打开一个设计文件。
- 保存：对所设计的版图进行保存。
- 移动：可以移动一个图形。
- 复制：可以复制一个图形。
- 延伸：可以对版图进行修改。
- 删除：把所绘制的版图删掉。
- 编辑版图的属性：可以修改版图的图层等信息。
- 排列对齐：可以对选择图层进行整理。
- 撤销/重做：可以对已经绘制好的图形进行撤销/重做。

- 放大/缩小：所有版图适中时，对所选择的版图放大/缩小。
- 插入：可以插入一个已存在单元的版图。
- 创建一个标签或标记，这个图标指的是对某个图层或图形进行命名，就是起一个名字。
- 创建一个引脚 Pin。
- 创建一个导线状的版图。
- 创建一个通孔 Via。
- 选择一个工作空间。

工具栏里面的这些图标的功能是经常要使用到的，希望读者能够熟练地掌握。

3. 版图设计图层选择窗口

在版图设计编辑窗口的左边有个"LSW"窗口，这是版图设计图层选择窗口。画版图所需要的一些图层都在这个图层选择窗口进行设置。由于图层很多，有些图层在设计时不需要，可以根据设计需要对这些图层进行一些精简。选择"Edit"→"Set Valid Layers"，如图 1-31 所示。

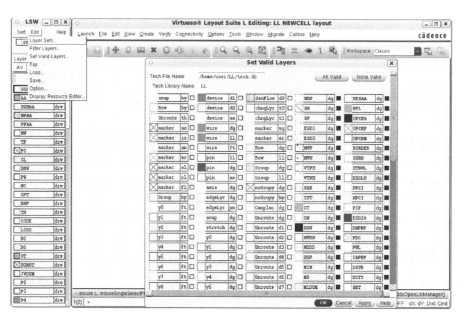

图 1-31　版图设计图层选择窗口

在弹出的如图 1-32 所示的"Set Valid Layers"（设置有效图层）对话框里，单击选择"None Valid"先使所有的图层失效，然后选择有效图层，步骤如下。

- 第 1 列没有画版图所需要的图层。
- 第 2 列也没有画版图所需要的图层。
- 第 3 列里面，选择 AA、NW、GT。
- 第 4 列里面，选择 CT、M1、M2、V1、SN、SP。
- 第 5 列里面没有所需要的图层。

然后在这个对话框，单击"OK"按钮结束图层选择。这样在"LSW"窗口里面就会出现选择的图层，共 9 个，如图 1-32 左侧部分所示。

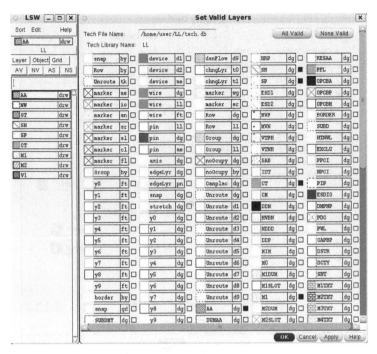

图 1-32　选择有效设计图层

各图层说明如下。

- AA 表示有源区图层。
- NW 表示 N 阱区的图层。
- GT 表示多晶硅栅的图层。
- SN 表示 N 型掺杂区或 N 型选择区的图层。
- SP 表示 P 型掺杂区或 P 型选择区的图层。
- CT 表示接触孔的图层。
- M1 表示第 1 层金属布线图层。
- M2 表示第 2 层金属布线图层。
- V1 表示第 1 层金属布线和第 2 层金属布线之间的通孔。

4. 版图设计显示格点设置

图层设置好以后，就可以进行版图设计了。在版图绘制之前，先要设置一下显示格点，使用快捷键〈e〉，弹出的"Display Options"（显示选项）对话框，如图 1-33 所示。

在这个对话框里面，左边这一侧的内容不需要进行任何的更改。其右上部分，在 Type 这一项里，各项说明如下：

- 如果选择"none"，那么版图背景就是空的，无点无网格。单击 Apply，可以看一下背景效果。
- 如果选择"dots"，那么版图背景就是网点形状的。单击 Apply，可以看一下背景效果。
- 如果选择"lines"，那么版图背景就是网格形状的。单击 Apply，可以看一下背景效果。

在大多数情况之下，一般使用的是网点形状的背景，即选择"dots"。

X Snap Spacing 和 Y Snap Spacing 两项分别表示 X 轴和 Y 轴方向的格点间距。将默认值 0.1 分别修改为 0.05，表示最小的间距都是 0.05 μm。为什么是 0.05 μm 呢？这是因为现在使用的

图 1-33　"Display Options" 对话框

版图设计工艺是 0.35 μm，根据设计规则可知，它的最小值是 0.05 μm。因此，把网格的捕获格点设置为 0.05 μm，这样，最小的尺寸也可以捕获到了。虽然该值也可以更小一些，但这样不利于捕获；网格设置大一些是不可以的。如果更换其他工艺，那就需要重新设置了。

最后在这个对话框，单击 "OK" 按钮完成显示格点设置。

5. 版图设计绘图工具

1-2　版图设计环境

现在开始使用绘图工具画版图。先画一个有源区，步骤如下。

1）首先在 "LSW" 窗口选中 AA 这个图层。

2）然后在编辑区按快捷键〈r〉，画矩形。

3）单击一下，确定起点。

4）松开鼠标左键，拖动鼠标到合适位置以后，再单击一下，确定终点。

这样就出现所需的矩形了。

按照同样的操作方法，依次画 SP 图层、NW 图层、画栅 GT 图层、画接触孔 CT 图层、画金属布线层 M1、画通孔 V1、最后再画一个金属布线层 M2。初步绘制好的版图如图 1-34 所示。

以上所画的图形中，没有考虑设计规则和版图的尺寸等因素。在这里主要让读者熟悉，怎么去画版图，练习用矩形来做图。如果要退出当前鼠标画矩形版图的这个状态，可以使用快捷键〈Esc〉。在任何鼠标操作画图的这个指令当中，想要退出当前操作，都可以使用快捷键〈Esc〉。

6. 版图设计常用工具

（1）移动

如果移动一个图层时，可以使用工具栏中的移动功能，可以单击 "移动" 按钮，也可

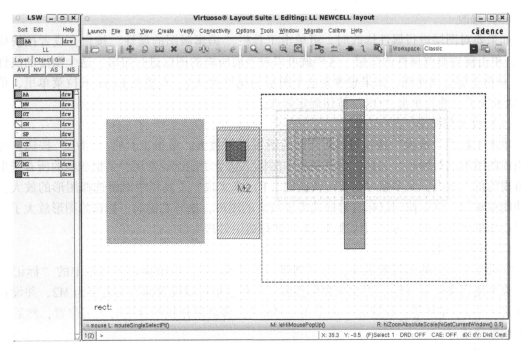

图 1-34 版图绘制

以使用快捷键〈m〉，它们的效果都是一样的。单击所需要移动的对象图层，然后松开鼠标左键并将光标移动到合适位置。这个时候鼠标一定要松开，不要按着不放，松开鼠标以后，这个图形就会跟着光标移动。找到所需要移动的合适位置，再单击一下，移动图层操作就完成了。

（2）复制

复制一个图层时，首先单击选择工具栏中的"复制"按钮，或者按快捷键〈c〉，单击要复制的图层。然后松开左键拖动鼠标，找到合适的位置，再单击一下，完成复制。

（3）延伸

如何修改一个图层的大小形状呢？可以使用边缘延伸功能。步骤如下。

1）单击选择工具栏中的"延伸"按钮，或者按快捷键〈s〉，然后用鼠标左键框选需要延伸的图层，选的时候一定要选边缘。

2）框选中后，颜色变白色或亮色，然后单击一下，松开左键拖动鼠标就可以实现延伸，可大可小。

3）移动光标到合适的位置，单击一下完成延伸和修改版图的目的。

也可以通过拐角延伸来修改版图，操作方法如下：

1）把光标移动到所需要修改的这个图层边缘或者拐角，图层边角就会变成亮黄色虚线。

2）然后，单击完以后，松开左键，拖动光标，找到合适的位置，然后再单击一下，就可以完成修改。

（4）删除

删除图层时可在工具栏单击"删除"按钮或者可以按快捷键〈Delete〉。选中图层对象，单击，删除成功。如果发现删错了，可以进行撤销。单击工具栏"撤销"按钮，或者单击"重做"按钮。

（5）修改

如果要对图层进行属性修改时，可单击工具栏"编辑版图的属性"按钮，或者按快捷键〈q〉，单击需要修改属性的图层。这样就可以对当前所画的图层进行编辑，这个图层的属性是M2，是第2层金属布线，如果想改变这个图层的属性为AA，直接在Layer下拉菜单里，单击AA就可以了。然后单击"OK"按钮确定修改。

（6）放大与缩小

单击工具栏"放大"按钮可以对当前的图形进行放大。单击工具栏"缩小"按钮，可以对当前的图形进行缩小。工具栏缩放到适中图标，这个功能比较常用，是把所画的所有图形放在可视的范围之内，大多数可以使用快捷键〈F〉来实现。工具栏中对所选择图形的放大，这个功能很常用，可以使用鼠标右键框选需要放大的图形，松开右键后，框选的图形放大了。放大以后如果想要返回，可以用快捷键〈F〉进行适中处理。

（7）添加"标记"

如果要为当前的图层起名字，可以创建一个"标记"，单击标记工具栏中的"标记"按钮，或者使用快捷键〈L〉，弹出创建标签窗口，在这里可以设置标签的名字为M2，并设置高度（即大小）、字体等。设置好以后单击"Hide"，移动鼠标找到合适的图层位置，然后单击一下放置完成。

（8）其他工具

"插入"按钮，主要是插入一个已经绘制好的单元版图。"创建端口"图标，"创建线状版图""创建通孔"等按钮，这些功能的使用在后续的版图设计当中，涉及时再详细介绍。

7. 设计图层选择设置

在版图设计图层选择"LSW"窗口中，AV、NV和AS、NS的用法如下。

- AV表示所有图层都可以看见。
- NV表示所有图层都看不见。单击NV，可按〈↑〉、〈↓〉、〈←〉、〈→〉键刷新一下屏幕。这样操作以后，除了这个M2没有选择之外，其他的所有的图形都看不见了，只有M2可以看到。如果想要所有的可见，再次单击AV后按〈↑〉、〈↓〉、〈←〉、〈→〉键刷新。
- AS表示所有图层都可以选择。
- NS表示所有图层都不可以选择。如果单击NS，表示所有的图层都不可以选择。此后单击这些图层的时候就没有任何反应，包括不可以对它进行复制、移动和删除等编辑操作。

如果只想对其中的某一个图层进行选择，如只对AA图层进行选择，可在AA图层单击一下，它的底色就会由原来灰色变成无色或白色。再单击一下，发现可以选择AA图层了，而其他图层是不可以选择的。

这些都是非常有效的操作，在逐步学习版图的过程中，都会领略到它们的好处。尤其是在比较复杂的版图的绘制当中，它们的优势就会非常明显地体现出来。例如，如果这个时候，要恢复到初始状态，单击选择AV和AS即可。这些内容设计完以后，单击编辑窗口的保存，就可以结束版图编辑了。

在Virtuoso中进行版图设计需要熟练使用很多快捷键操作，常用快捷键见附录A。

思考与练习

1. vi 编辑器练习

要求如下：

1）在当前目录下建立一个名为"vitest"的目录。

2）进入"vitest"这个目录当中。

3）将"/etc/man. config"复制到本目录底下。

4）使用 vi 开启本目录下的这个文档。

5）在 vi 中设定一下行号。

6）移动到第 58 行，向右移动 40 个字符，查看双引号内的内容。

7）移动到第一行，并且向下搜索 bzip2 这个字符串，确定它所在的行数。

8）要将 50~100 行之间的 man 改为 MAN，并且一个一个挑选是否需要修改，怎么下达指令。

9）修改之后，反悔了，要全部复原，用到哪些方法。

10）复制第 51~60 行这 10 行的内容，并且粘贴到最后一行之后。

11）删除第 11~30 行之间的 20 行。

12）将这个文档另存为"man. test. config"。

13）到第 29 行，从首字符开始往后删除 15 个字符。

14）将程序储存后离开。

2. P 型硅衬底上 PMOS 晶体管的制造流程是什么？它与 P 型硅上 NMOS 晶体管的制造有什么区别？

3. 集成电路版图常规验证有哪些项目？

4. 什么是集成电路掩膜版图设计？

项目 2 MOS 晶体管版图设计

MOS 晶体管版图是集成电路版图设计中的一个基本单元，包括集成电路版图工艺设计规则、MOS 晶体管结构和版图以及 MOS 晶体管串联和并联版图设计方法。通过 MOS 晶体管版图设计的学习，可以掌握它的电路图和版图的基本设计知识。本项目给出了 PMOS 晶体管、NMOS 晶体管版图设计与 MOS 晶体管串联和并联版图的设计过程，以及设计规则验证 DRC 的详细实践操作。

任务 2.1 版图工艺设计规则

集成电路版图设计规则是在进行版图设计的时候所必须遵守的一系列工艺规则，是版图设计的基础。版图设计规则的作用是保证电路性能易于在工艺中实现，并能实现较高的成品率。版图设计规则通常包括两个方面：一是规定图形和图形间距的最小允许尺寸；二是规定各分版间的最大允许套刻偏差。

在版图设计的时候要尽量提高元器件的集成度。但制造厂家的工艺特点和技术水平有一定的条件限制，如果设计的时候一味追求集成度，那么在制造的时候就有可能会出现错误，导致芯片不能正常工作；如果希望提高芯片的成品率，那么线条要尽可能宽，线条之间的距离应尽可能大，但是这样又会造成芯片面积的增加。为了在芯片的元器件集成度与成品率之间得到一个折中，必须制定一系列的设计规则，在进行版图设计的时候，要严格按照厂家提供的设计规则进行设计。

影响设计规则的因素有制造成本、成品率、最小特征尺寸、制造设备和工艺的成熟度以及集成电路市场需求等。

1. 设计规则分类

设计规则通常有以下两类。

1) λ 准则。用单一参数 λ 表示版图规则，所有的几何尺寸都与 λ 成线性比例。

2) 微米准则。用微米为单位表示版图规则中最小线宽尺寸和最小允许间隔尺寸等。

制造工艺的关键性能参数是特征尺寸，就是沟道长度。晶体管尺寸既决定了电路速度，又决定了单个芯片上逻辑单元的数量。制造工艺通常按照制造最小晶体管的长度来区分，例如，一个制造最小沟道长度为 0.35 μm 晶体管的工艺称为 0.35 μm 工艺。

以 λ 为单位的设计规则把尺寸定义为 λ 的倍数，λ 的取值由工艺决定。$\lambda = 0.5 \mu m$ 的 CMOS 工艺也称 0.5 μm CMOS 工艺；如果没有明确指出，λ 指工艺尺寸给出的最小沟道长度。在这种设计规则中，版图设计可以独立于工艺和实际的尺寸。在生产中，对于不同的工艺，只要改变 λ 的取值就可以了。采用以 λ 为单位的设计规则会使设计规则得以简化，而且有利于工艺按比例收缩，例如当工艺由 0.18 μm 进步到 0.09 μm 的时候，只需要将 λ 的值由 0.18 μm 变为 0.09 μm。但以 λ 为单位的设计规则有可能会造成芯片面积的浪费。

随着工艺水平的不断进步，元器件的特征尺寸越来越小，使得一些尺寸无法按比例缩小，如接触孔、通孔等，需要单独定义其尺寸。因此，以 λ 为设计规则在深亚微米集成电路的设计中局限性越来越明显。目前的深亚微米集成电路设计一般采用以微米为单位的设计规则。

以微米为单位的设计规则，对不同的工艺要求有不同的尺寸，因此设计的复杂性大大提高。下面将主要介绍以微米为单位的设计规则。

2. 版图设计规则

版图基本设计规则主要包括线宽规则、间距规则、包围规则、延伸规则和交叠规则等。

（1）线宽规则（Width Rule）

线宽规则通常指的是版图中多边形的最小宽度，如图 2-1 所示。多边形的最小宽度是关键尺寸，它定义了制造工艺的极限尺寸，例如晶体管的最小栅极长度。

如果在某一层中违反了最小线宽规则，那么在该层上就可能产生开路现象（断路）。如果宽度小于某一特定值时，那么制造工艺就无法可靠地制造连续的连线。因而在线形图形中的某一点若违反了线宽规则，那么在这个点上就很可能会产生裂口，如图 2-2 所示。

图 2-1　线宽规则　　　　图 2-2　线条小于最小宽度导致产生开路现象

线宽规则可以应用于晶体管类结构的多边形和带有电气特性或其他特殊特性的单个多边形上。例如与电源相连的金属层就是一个带有特殊电学特性的多边形。由于电源金属层上通过的电流较大，这就要求其宽度要比最小设计规则大很多，这一宽度的确切值由电流的大小决定，而不会指定为固定值。当大电流穿过窄的金属线时，通电时间过长或维持在较大电流时，金属线就会像熔丝一样断开。因此，在进行电源金属线的布线时，通常线宽要大于所规定的最小宽度，只要面积允许，金属线的宽度要尽量宽一些。

多边形的长度通常没有限制，在某些工艺中，会对最小面积进行规定，例如：通孔和接触孔必须同时满足宽度和长度规则。

例如，对某工艺关于第一层多晶硅的最小宽度的定义，执行以下命令：

Minimum width of a GT region for interconnects：0.35 μm

含义：第一层多晶硅线的最小宽度为 0.35 μm。

说明：很多设计规则使用英语形式来表达，但是只要掌握几个关键词汇，就能够理解其中的意思。

（2）间距规则（Space Rule）

间距规则指多边形之间最小距离的规则。定义间距规则是为了避免两个多边形之间形成短路，如图 2-3 所示，a 表示同图层、b 表示不同图层。

同绘图层的多边形之间的最小距离有以下几种情况：平行线条之间的最小距离；拐角之间的最小距离；垂直线条与拐角之间的最小距离。如图 2-4 所示，图中分别用 "①" "②" 和 "③" 表示。

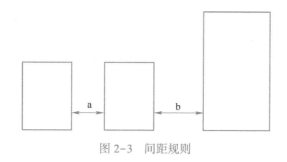

图 2-3 间距规则

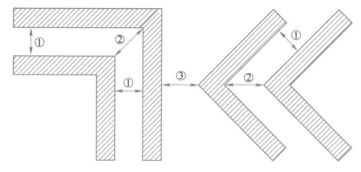

图 2-4 同层多边形之间的最小距离

例如对第一层多晶硅之间的最小距离的定义，执行以下命令：

Minimum space between two GT regions on AA area:0.45 μm

含义：有源区中第一层多晶硅之间的最小距离为 0.45 μm。

间距规则不但应用于同一层上的多边形，也应用于不同层之间的多边形。例如：不同层的有源区上的接触孔和多晶硅栅之间要求遵守间距规则，如图 2-5a 所示。

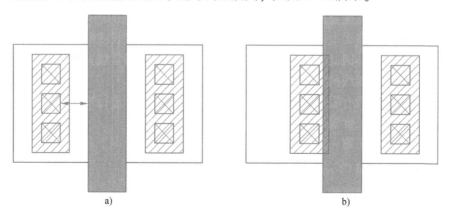

图 2-5 违反间距规则

a) 不同层的间距规则示例　b) 多晶硅栅和金属层发生短路

有源区的多晶硅栅极和接触孔之间之所以要定义最小距离，是为了防止接触孔所连接的金属与多晶硅栅极发生短路，如图 2-5b 所示。例如，对设计规则中间距的定义，执行以下命令：

Minimum space between a diffusion contact and a poly gate:0.30 μm

含义：有源区接触孔和多晶硅栅极的最小间距为 0.30 μm。

（3）包围规则（Enclosure Rule）

包围规则是指一层与另一层线条之间交叠并将其包围的最小尺寸，如图 2-6 所示。

在包围规则中，所有的线条均位于不同绘图层。定义包围规则是因为在集成电路制造中，需要将不同的绘图层进行连接。例如金属层和栅极层之间、不同金属层之间需要接触孔或通孔连接，而上、下两层都必须将孔完全覆盖才能保证有效的连接，否则就有可能出现断路。包围规则要求上、下两层线条的边缘要超出接触孔或通孔边缘一定的距离。因为在制造的过程中，由于工艺水平的限制，放置线条的实际位置与预先设计的位置有微小偏差时，此时线条与孔就不能充分接触，从而不能保证相邻金属层与金属层之间或多晶硅层与金属层之间的有效连接，两层线条有可能出现断路。多晶硅与接触孔的包围规则如图 2-7 所示。

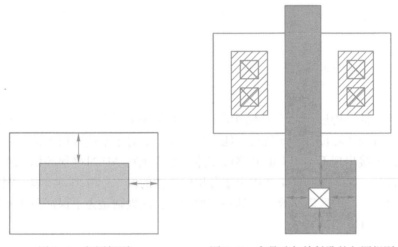

图 2-6　包围规则　　　　　图 2-7　多晶硅与接触孔的包围规则

例如，对包围规则的定义，执行以下命令：

Minimum poly enclosure for a poly contact：0. 20 μm

含义：多晶硅包围接触孔的距离为 0. 20 μm。

（4）延伸规则（Extension Rule）

延伸规则指的是相邻两层交叠，顶层要伸出底层的最小尺寸，如图 2-8 所示。

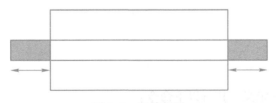

图 2-8　延伸规则

例如多晶硅与有源区交叠时要伸出有源区一定的距离，此规则是为了保证栅极不与源极或漏极短路，可以保证源、漏区域有效截断，如图 2-9 所示。

例如，对延伸规则的定义，执行以下命令：

Minimum extension beyond diffusion to form poly end cap：0. 4 μm

含义：多晶硅末段延伸出有源区的最小距离为 0. 40 μm。

（5）交叠规则（Overlap Rule）

交叠规则指的是相邻两层多边形相交叠，两层之间重叠的最小尺寸，如图 2-10 所示。

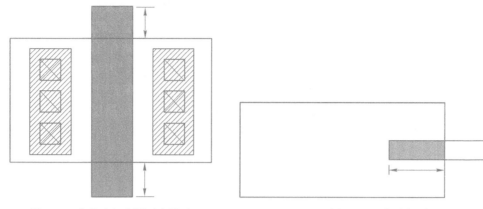

图 2-9　多晶硅与有源区交叠时
要伸出有源区一定的距离

图 2-10　交叠规则

该规则中所指的多边形总是位于不同层上，只要是用不同层上的多边形来制造，那么放置多边形的预期位置与实际位置之间就很可能会出现偏差。对于某些分层来说，多边形间的偏差可能会导致电路连接出现不希望有的开路或短路。交叠规则是通过确保预期的连接关系不会因制造工艺而遭破坏，来减少制造工艺中由于分层间细微的偏差所带来的影响。例如，多晶硅与有源区交叠的时候，有源区需交叠多晶硅一定的距离，此规则是为了保证源区和漏区有足够的距离空间，如图 2-11 所示。

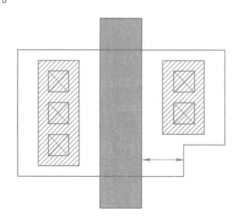

图 2-11　有源区交叠多晶硅一定的距离

例如，对交叠规则的定义，执行以下命令：

Minimum overlap from a GT edge to an AA region：0.5 μm

含义：即有源区交叠多晶硅的最小距离为 0.50 μm。

3. 版图设计规则文件

不同半导体制造厂商都有各自不同的工艺和版图设计规则，它会随着工艺尺寸和不同的厂家而变化。版图设计师在设计版图前，首先要仔细阅读相关的设计规则手册。版图设计规则手册是由晶片加工厂向版图设计公司提供的。有了版图设计规则，版图设计师按照设计规则就能成功地设计出集成电路，而工艺设计师只要按照设计规则的要求就可以严格控制加工精度，这对集成电路的发展和制造是十分有利的。

版图工艺一般定义在技术文件中，即 TF（Technology File）文件。在这个技术文件中定义了版图的各类信息，比如版图的绘图层、版图设计规则等。在本书中，采用的设计工艺是中芯国际集成电路制造有限公司（SMIC）0.35 μm CMOS 两层多晶硅三层和四层金属的工艺，版图工艺文件都是英文版的，读者要熟悉英文专业术语。本书版图设计所常用的英文版简化设计规则如表 2-1 所示。

表 2-1　常用设计规则

RULE NO.	DESIGN DESCRIPTIONS	LAYOUT RULE (Unit in μm)
NW		
NW.1	Minimum width of an NW region which not connected to the most positive voltage (Vdd)	3.00
NW.2	Minimum space between two NW with different potential wells	3.00
ACTIVE AREA		
AA.1	Minimum width of an active region for interconnect	0.30
AA.2	Minimum space between N+ AA and P+ AA in same well for Non-Butted Diffusion	0.60
AA.3	Minimum space between N+ AA and P+ AA in same well for butted diffusion	0.00
AA.4	Minimum enclosure from NW edge to an N+ AA well tap	0.20
AA.5	Minimum Extension of AA over GT to a related AA edge	0.50
AA.6	Minimum enclosure of NW to P+ AA	1.20
AA.7	Minimum space between NW that is connected withVdd to N+ AA region	1.20
POLY 1		
GT.1	Minimum width of a GT region for interconnects	0.35
GT.2	Minimum width of a GT region for channel length of 3.3V PMOS/NMOS	0.35
GT.3	Minimum space between two GT regions on field oxide area 0.45	0.45
GT.4	Minimum space between two GT regions on AA area	0.45
GT.5	Minimum extension beyond diffusion to poly end cap	0.40
GT.6	Minimum enclosure from a GT gate to a related AA edge	0.50
POLY 2		
P2.1	Minimum width of a P2 in PIP region	0.80
P2.2	Minimum spacing between P2	0.65
P2.3	Minimum enclosure of P1 to P2 in PIP design	0.65
P2.4	Minimum enclosure of P2 to P2 Contact in PIP design	0.65
P2.5	Minimum spacing between P1 bottom electrode and unrelated contact	0.65
P2.6	Minimum spacing between a P1 Contact and P2 edge in PIP design	0.60
P2.7	Maximum P2 area over P1 of PIP capacitor	100×100
SN-S/D Implantation		
SN.1	Minimum enclosure of SN region beyond N+AA	0.25
SN.2	Minimum space of a SN region to a SP region when both SN and SP regions are located on poly region.	0.25

（续）

RULE NO.	DESIGN DESCRIPTIONS	LAYOUT RULE (Unit in μm)
SN—S/D Implantation		
SN. 3	Minimum space between a SN region and an AA with SP region to define a diffusion region with the same potential	0. 0
SP—S/D Implantation		
SP. 1	Minimum enclosure of SP region beyond P+AA	0. 25
SP. 2	Minimum space of a SP region to a SN region when both SP and SN regions are located on poly region	0. 25
SP. 3	Minimum space between a SP region and an AA with SN region to define a diffusion region with the same potential	0. 0
CT—Contact		
CT. 1	Minimum/maximum contact size	0. 40
CT. 2	Minimum space between two contacts	0. 40
CT. 3	Minimum poly enclosure for a poly contact	0. 20
CT. 4	Minimum diffusion enclosure for a diffusion contact	0. 15
CT. 5	Minimum metal 1 enclosure for a contact	0. 15
CT. 6	Minimum space between a diffusion contact and a poly gate	0. 3
CT. 7	Minimum space between poly contact and diffusion region	0. 4
Metal n		
Mn. 1	Minimum width of a metal n region $n = 1$ $n = 2, 3$	0. 50 0. 60
Mn. 2	Minimum space between two metal n regions $n = 1$ $n = 2, 3$	0. 45 0. 50
MT. 1	Minimum width of a top metal region	0. 60
MT. 2	Minimum space between two top metal regions	0. 60
Via n		
Vn. 1	Minimum/maximum size of a Via n	0. 50
Vn. 2	Minimum space between two Via n	0. 45
Vn. 3	Minimum Mn enclosure for a Via n	0. 20
Vn. 4	Minimum Mn+1 enclosure for a Via n	0. 15
HRP – High Resistance Poly Implant		
HRP. 1	Minimum HRP enclosure of BPOLY resistor	0. 40
HRP. 2	Minimum POLY2 width for high resistance poly resistor	2. 00
HRP. 3	Minimum HRP to HRP space. Merge if less than 0. 8 μm	0. 8
HRP. 4	Minimum HRP enclosure of SP in HRP region	0. 2
HRP. 5	Minimum SP enclosure of Poly2 in HRP region	0. 2
HRP. 7	Dummy layer "HRPDMY" is needed for DRC to label HRP region	

任务 2.2 MOS 晶体管版图认知

2.2.1 MOS 晶体管结构

MOS 晶体管是 MOSFET（金属–氧化物–半导体场效应晶体管）的简称。MOSFET 可以用 N 型也可以用 P 型半导体材料做衬底。通常，MOS 晶体管由源（S）、漏（D）、栅（G）极和衬底（B）等几个主要部分组成。对于由 N 型衬底（N⁺）材料制成的晶体管，其源、漏区是 P 型（P⁺）的，称为 P 沟道 MOS 场效应晶体管。图 2-12 为 P 沟道 MOSFET 的物理结构剖面图。

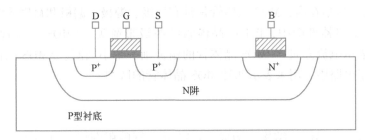

图 2-12 P 沟道 MOS 场效应晶体管的物理结构剖面图

对于由 P 型衬底（P⁺）材料制成的晶体管，其源、漏区是 N 型（N⁺）的，称为 N 沟道 MOS 场效应晶体管，图 2-13 为 N 沟道 MOSFET 的物理结构剖面图。

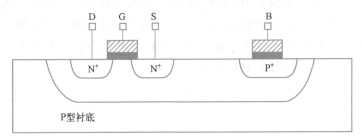

图 2-13 N 沟道 MOS 场效应晶体管的物理结构剖面图

MOS 晶体管的源区和漏区是两个分开但相距很近的重掺杂区。将源漏区分开的区域称为沟道区。在沟道区表面生长了很薄的二氧化硅绝缘层，称为栅氧化层，栅氧化层上再淀积重掺杂的多晶硅作为栅极。多晶硅栅极的两边是源区和漏区，它们之间隔开的距离称为沟道长度（L）；与 L 垂直的源、漏区的宽度称为沟道宽度（W）。

对于 N 沟道 MOS 晶体管，将包含源区、漏区和沟道区的区域称为有源区。沟道长度 L 和沟道宽度 W 是 MOS 晶体管的重要设计参数，有源区和多晶硅栅的形状决定了 MOS 晶体管的尺寸。P 沟道 MOS 晶体管除了衬底和源、漏区的掺杂类型与 N 沟道 MOS 晶体管不同外，它的物理结构与 NMOS 晶体管基本相同，因此版图结构大体上也是相同的，只有部分绘图层不同。

2.2.2 MOS 晶体管电路符号

NMOS 晶体管和 PMOS 晶体管的几种常用电路符号的画法如图 2-14 所示。

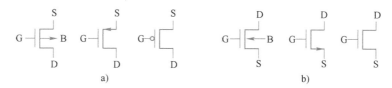

图 2-14　MOS 晶体管符号

a）P 沟道 MOS 晶体管　b）N 沟道 MOS 晶体管

根据 MOS 晶体管原理可知：

1）PMOS 晶体管和 NMOS 晶体管的器件符号基本上是相同的，而且 MOS 晶体管的源极和漏极在结构上相互对称，可以互换。如果确定其中的一端为源极，则另一端就为漏极。

2）如果把衬底包括在内，MOS 晶体管是具有栅极、源极、漏极和衬底的四端口器件。

3）在简化三端口器件图中，PMOS 晶体管的源极带箭头、NMOS 晶体管的源极带箭头，常在模拟电路中表示电流方向；PMOS 晶体管的栅极画一个小圆圈、NMOS 晶体管的栅极没有小圆圈，常在数字电路中，用来表示两种 MOS 晶体管的区别。

2.2.3　MOS 晶体管版图

按照上述的 NMOS 晶体管结构，构成 NMOS 晶体管的版图层次有一个包含源、漏的有源区；对有源区进行 N$^+$杂质掺杂；用多晶硅做栅极；源、漏有源区包围栅极的部分形成 MOS 晶体管的沟道长度（L）和宽度（W）；源、漏和栅通过接触孔与金属导线进行连接；制作金属连线；各个金属层之间用通孔连接。由于 MOS 器件是四端口器件，因此还需考虑衬底的连接。对于 N 阱 CMOS 工艺来说，衬底是 P 型的，默认 NMOS 晶体管衬底图层不需要绘图，其衬底一般应连接到 GND（地）。由于衬底是轻掺杂的，为了形成衬底和金属连线的欧姆接触区，在金属接触到衬底的连接有源区域要进行重掺杂，重掺杂类型为 P$^+$。NMOS 晶体管简易版图如图 2-15a 所示，其电路符号如图 2-15b 所示。

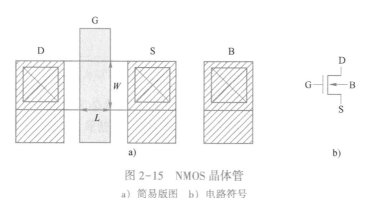

图 2-15　NMOS 晶体管

a）简易版图　b）电路符号

PMOS 晶体管的版图层次与 NMOS 相似：有一个包含源、漏的有源区；对有源区进行 P$^+$杂质掺杂；用多晶硅做栅极；源、漏有源区包围栅极的部分形成 MOS 晶体管的沟道长度（L）和宽度（W）；源、漏和栅通过接触孔与金属导线进行连接；制作金属连线；各个金属层之间用通孔连接等。由于 MOS 器件是四端口器件，因此还需考虑衬底的连接。对于 N 阱 CMOS 工艺来说，PMOS 晶体管是做在 N 阱衬底里面的，其 N 阱衬底一般应连接到 VDD（电源）。由于

N 阱衬底是轻掺杂的，为了形成衬底和金属连线的欧姆接触区，在金属接触到衬底的连接区域要进行重掺杂，重掺杂类型为 N^+。PMOS 晶体管简易版图如图 2-16a 所示，其电路符号如图 2-16b 所示。

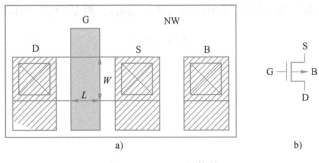

图 2-16　PMOS 晶体管
a）简易版图　b）电路符号

任务实践：PMOS/NMOS 版图设计及 DRC 验证

1. PMOS 晶体管电路图

1）在 Linux 操作系统里面打开终端。输入 Cadence 启动指令 icfb&，按〈Enter〉键。

2-1　MOS 晶体管版图

2）启动完成以后，在启动窗口依次选择 "Tools" → "Library Manager"，弹出 "Library Manager"（库管理）窗口。

3）在库管理窗口上，选中自己的库 LL。依次选择 "File" → "New" → "Cell View"。弹出 "New File"（新建文件）对话框，如图 2-17 所示。

4）在 "Cell" 栏填写 "PMOS"，"Type" 栏选择 "Schematic"，然后单击 "OK" 按钮，新建一个电路原理图。

弹出电路原理图设计窗口。按快捷键〈I〉，弹出添加元器件对话框，单击 "Browse"（浏览），在器件选择对话框的库 "analogLib" 里找到 "pmos4" 器件，单击 "Close" 按钮，如图 2-18 所示。

图 2-17　新建一个电路图

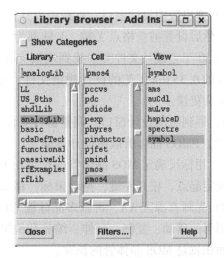

图 2-18　器件选择对话框

5）要画一个长 0.35 μm，宽 0.7 μm 的 PMOS 晶体管的版图。在添加元器件对话框，如图 2-19 所示。在模型名"Model name"填写"p33"（如果没有特别说明，所有的 PMOS 晶体管模型名都是 p33，所有的 NMOS 晶体管模型名都是 n33）。在"Width"填写 700 nm（0.7 μm），在"Length"这一项填写 350 nm（0.35 μm），然后单击"Hide"按钮，放置器件。

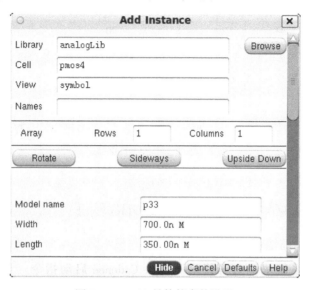

图 2-19　MOS 晶体管参数设置

6）然后单击保存，关闭这个对话框。

2. PMOS 晶体管版图设计

（1）PMOS 晶体管版图设计环境设置

1）回到库管理窗口上，在库"LL"里，"Cell"栏选中"PMOS"，依次选择"File"→"New"→"Cell View"，弹出新建文件窗口。

2）在"Cell"栏填写"PMOS"，"Type"栏选择"Layout"，然后单击"OK"按钮，新建一个版图。

3）弹出版图设计窗口。在版图设计窗口中选择图层 LSW 窗口，设置常用的 9 个有效设计图层。然后设置捕获格点 X 轴、Y 轴都为 0.05。

4）在工艺设计文件夹中找到规则文件"TD_MM35_DR_2001v3P"，打开它，这是一个中芯国际的 0.35 μm 工艺的设计规则文件。浏览一下，一些常用的规则要记住，这样设计版图时，就会更快。

5）回到版图设计窗口，调整窗口到合适的位置。

（2）PMOS 晶体管版图设计步骤

1）用标尺确定 MOS 晶体管的长为 0.35 μm，宽为 0.7 μm，具体操作是：按快捷键〈k〉，单击确定起点，松开左键，拖动鼠标，移动到合适位置，单击一下，确定终点。

2）先画有源区 AA，再画多晶硅栅 GT（如果没有特别的说明，所有的图形一律画矩形，所有图形的移动、复制、延伸、缩放和编辑属性等不再说明，只操作）。多晶硅栅被有源区包围的面积就是 MOS 晶体管的长宽。

3）多晶硅栅延伸出有源区一段，这个最小延伸尺寸是 0.4 μm。

4）画接触孔 CT。所有的接触孔的尺寸大小都是统一的，都是 0.4 μm；接触孔距离多晶硅栅的间距是 0.3 μm；有源区包围接触孔的最小包围尺寸是 0.15 μm。

5）画 P 型掺杂区 SP。P 型掺杂区包围有源区的最小包围尺寸是 0.25 μm。

6）画 N 阱区 NW。N 阱包围 P 型有源区的最小包围是尺寸 1.2 μm。

7）画 PMOS 晶体管衬底。N 型有源区到 P 型有源区的最小间距是 0.6 μm；复制刚画好的有源区、接触孔和掺杂区等到新的位置；删减修改接触孔、有源区和掺杂区大小属性等；修改 N 阱，N 阱包围 N 型有源区的最小包围尺寸是 0.2 μm。

8）画金属布线 M1。金属布线 M1 包围有源区的最小包围尺寸是 0.15 μm；依次画漏、源、衬底的金属布线连接。

9）清除标尺，按快捷键〈Shift+K〉。完成 PMOS 晶体管版图，保存。设计好的 PMOS 晶体管版图如图 2-20 所示。

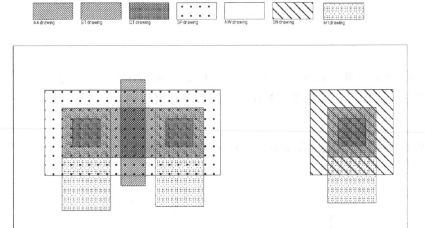

图 2-20　PMOS 晶体管版图

3. 版图设计规则验证

版图验证以设计规则验证 DRC 为例。步骤如下。

1）在版图编辑窗口的菜单栏选择 "Calibre" → "Run DRC"，在弹出的 "Load Runset File" 对话框中单击 "Cancel" 按钮，如图 2-21 所示。

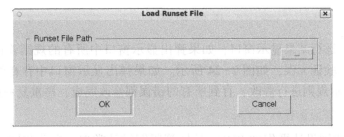

图 2-21　"Load Runset File" 对话框

2）在新出现的 DRC 启动窗口中单击 "Rules" 按钮，在 "DRC Rules File" 这里单击 "浏览" 按钮，弹出 "Choose DRC rules file"（选择 DRC 文件）对话框，然后找到做验证的扩展

名是 ".drc" 的文件，单击 "Open" 按钮确定，如图 2-22 所示。

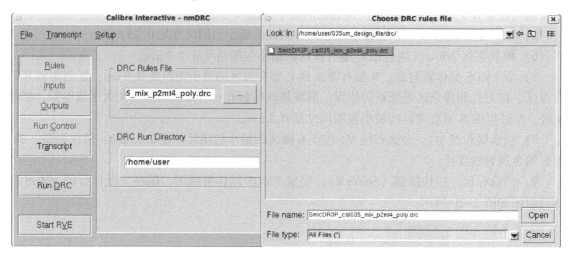

图 2-22　DRC 文件加载

3）回到 DRC 启动窗口，单击 "Run DRC" 按钮。如果出现 "Overwrite file"（是否覆盖文件）对话框，单击 "OK" 按钮即可，如图 2-23 所示。如果没有出现则对话框，系统会一直往下运行。

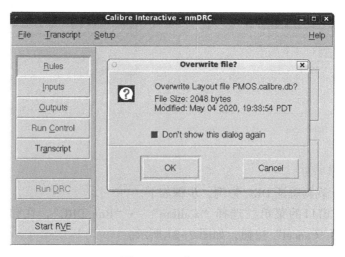

图 2-23　运行 DRC

之后弹出 DRC 运行结果显示窗口，如果弹出显示窗口中所有的规则验证结果都是绿色的标志，则说明 DRC 验证无误，如图 2-24 所示。如果弹出显示窗口中存在红色的错误以及说明，应根据错误提示规则进行修改，直到所有的错误都修改完成，再重复一遍上述操作。

4. NMOS 晶体管版图设计

NMOS 晶体管版图设计操作和 PMOS 晶体管版图设计类似，在此相同的操作说明就略去了，下面介绍主要步骤。

1）在库管理窗口中，在库 "LL" 里新建一个 "Cell View"，名字为 "NMOS"，依次新建电路图，并画电路图 NMOS 晶体管，长为 $0.35\,\mu m$，宽为 $0.7\,\mu m$，保存关闭。

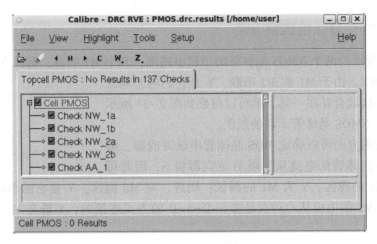

图 2-24　DRC 验证结果

2）再新建版图文件，在弹出的版图设计窗口里，可以复制 PMOS 晶体管的版图到本设计窗口，然后将其修改为 NMOS 晶体管的版图。具体操作如下。

① 复制版图。打开 PMOS 晶体管版图，按快捷键〈Ctrl+A〉全部选中，按快捷键〈c〉，松开左键，移动到 NMOS 晶体管版图编辑窗口，再单击一下，完成版图复制粘贴。

② 修改版图。把 N 阱删除（因为在 N 阱 CMOS 工艺里，默认芯片衬底是 P 型的，所以 P 型衬底不要画了，画了就重复了），修改 P 型掺杂区 SP 为 SN，修改 N 型掺杂区 SN 为 SP，来达到修改 MOS 晶体管属性的目的。修改完成后，保存。

③ 版图规则验证，和 PMOS 晶体管验证过程一样。直到版图和所有规则都没有冲突和错误。

设计好的 NMOS 晶体管版图如图 2-25 所示。

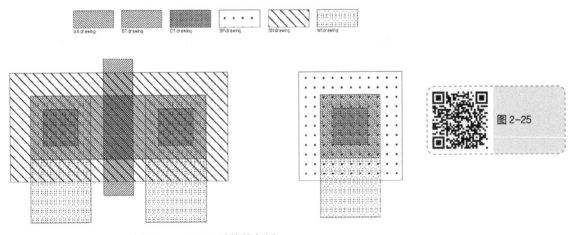

图 2-25　NMOS 晶体管版图

任务 2.3　MOS 晶体管串联和并联版图

大多数的数字集成电路都是由 MOS 晶体管组成的，即使是再复杂的电路，MOS 晶体管的连接也可以归纳为串联、并联和复联等方式，下面介绍 MOS 晶体管串联版图和并联版图。

2.3.1 MOS 晶体管串联版图

如图 2-26 所示为两个 NMOS 晶体管的串联电路图，其中 M1 的源、漏区为 X 和 Y，M2 的源、漏区为 Y 和 Z。由于 M1 和 M2 串联，Y 是它们的公共区域，如果把公共区域合并在一起，就可以得到如图 2-27 所示的图形，是两个 NMOS 晶体管串联的版图。

图 2-26　2 个 NMOS 晶体管
串联的电路图

从电流流动的方向可以确定 MOS 晶体管串联时的源、漏极。由于 NMOS 晶体管的电流从漏极 D 流向源极 S，因此可以确定，X 为 M1 的源区，Y 为 M1 的漏区；同理，对 M2 而言，Y 是它的源区，Z 是它的漏区。所以 M1 和 M2 的电极从左到右是按 S-D-S-D 的方式连接的，Y 既是 M1 的漏区又是 M2 的源区。

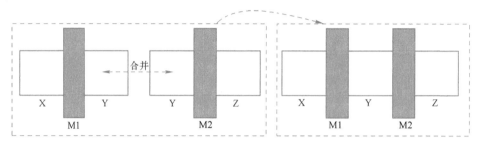

图 2-27　2 个 NMOS 晶体管串联的版图

总之，当 MOS 晶体管串联时，它们的电极均是按照 S-D-S-D…S-D…的方式进行连接的。按照相同的方法，就可以画出任意一个 MOS 晶体管串联的版图。图 2-28 为 4 个 MOS 晶体管串联的电路图和版图。

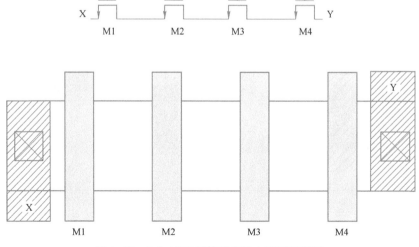

图 2-28　4 个 MOS 晶体管串联电路图和版图

2.3.2 MOS 晶体管并联版图

MOS 晶体管的并联是指把它们的源极和源极、漏极和漏极相连，各自的栅极相互独立。两个 MOS 晶体管并联的电路图和版图如图 2-29 所示。

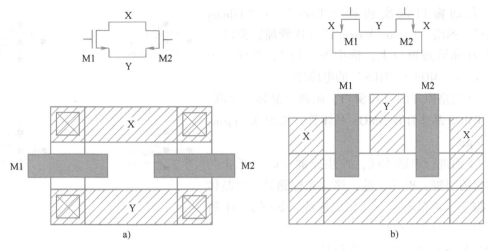

图 2-29　MOS 晶体管并联的电路图和版图

a）MOS 晶体管并联方式一　b）MOS 晶体管并联方式二

　　图 2-29a 中，MOS 晶体管并联方式一的版图，栅极为横向排列。如果栅极采用竖直方向排列，两个 MOS 晶体管并联的版图就如图 2-29b 所示。节点 X 的连接采用金属导线连接，节点 Y 作为 M1 晶体管和 M2 晶体管的公共漏极或源极。

　　按照相同的方法，就可以画出任意一个 MOS 晶体管并联的版图。图 2-30 为 4 个 MOS 晶体管并联的版图和电路图。图中源极和漏极的并联全部用金属线连接，这时源极和漏极金属连线的形状很像交叉放置的手指，因此这种并联版图常称为叉指结构。

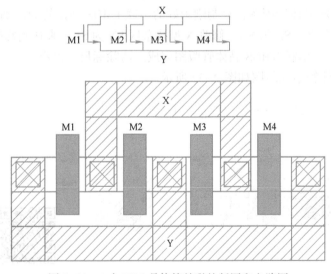

图 2-30　4 个 MOS 晶体管并联的版图和电路图

任务实践：MOS 晶体管串联和并联版图设计

1. MOS 晶体管串联版图

（1）MOS 晶体管串联电路图绘制

1）在 Linux 操作系统里面启动 Cadence 设计系统。启动完成以

2-2　MOS 晶体管串联版图

后，在启动窗口依次选择"Tools"→"Library Manager"，弹出"Library Manager"（库管理）窗口。

2）在库管理窗口上，选中库"LL"，新建一个"Cell"名为"MOS_SERIES"的电路图。

3）在电路原理图设计窗口，画两个晶体管串联，分别是 PMOS 晶体管和 NMOS 晶体管，长为 0.35 μm，宽为 0.7 μm。

4）下面进行串联连线，按快捷键〈w〉，单击一个晶体管的引脚，松开左键，移动光标到另一个晶体管的引脚上，再单击一下，完成连线。如图 2-31 所示。保存，关闭这个窗口。

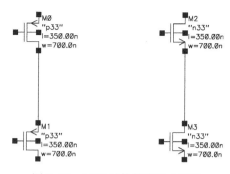

图 2-31　MOS 晶体管串联电路图

（2）MOS 晶体管串联版图设计

1）在这个 Cell 里新建一个版图文件，弹出版图设计窗口。在窗口中选择图层 LSW 窗口，设置有效的设计图层。然后设置捕获格点 X 轴、Y 轴都为 0.05。

2）先复制已有的 PMOS 晶体管版图到这个 MOS_SERIES 的版图设计窗口里，关闭 PMOS 晶体管版图设计窗口。

3）画串联 PMOS 晶体管，先修改 N 阱、有源区、掺杂区大小并移动部分金属布线 M1 和接触孔，然后用标尺确定两个多晶硅栅极的最小间距是 0.45 μm，复制多晶硅栅极到新的位置，用标尺确定多晶硅栅极到接触孔的最小间距是 0.3 μm，再次移动 N 阱、有源区、掺杂区、金属布线 M1 和接触孔到合适位置，串联 PMOS 晶体管版图完成。

4）画串联 NMOS 晶体管版图，复制刚画好的串联 PMOS 晶体管版图到新的合适位置，删除 N 阱，修改 P 型掺杂区 SP 为 SN，修改 N 型掺杂区 SN 为 SP，来达到修改 MOS 晶体管属性的目的。修改完成后，串联 NMOS 晶体管版图完成。清除标尺，保存。

画好的 MOS 晶体管串联版图如图 2-32 所示。

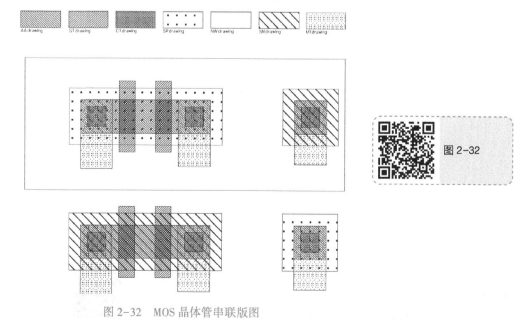

图 2-32　MOS 晶体管串联版图

（3）MOS 晶体管串联版图验证

开始版图规则验证。直到版图和所有规则都没有冲突和错误，则表示完成了 DRC 验证。

2-3　MOS 晶体管并联版图

2. MOS 晶体管并联版图

（1）MOS 晶体管并联电路图绘制

1）在 Linux 操作系统里面启动 Cadence 设计系统。启动完成以后，在启动窗口依次选择"Tools"→"Library Manager"，弹出"Library Manager"（库管理）窗口。

2）在库管理窗口上，选中库"LL"，新建一个"Cell"名为"MOS_PARALLEL"的电路图。

3）在电路原理图设计窗口，画两个晶体管并联分别是 PMOS 晶体管和 NMOS 晶体管，长为 0.35 μm，宽为 0.7 μm，并进行并联连线，如图 2-33 所示。保存，并关闭这个窗口。

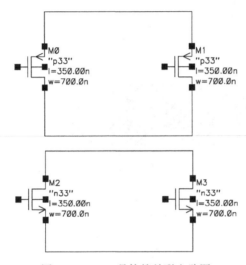

图 2-33　MOS 晶体管并联电路图

（2）MOS 晶体管并联版图设计

1）在这个 Cell 里新建一个版图文件，弹出版图设计窗口。在窗口中选择图层 LSW 窗口，设置有效的设计图层。然后设置捕获格点 X 轴、Y 轴都为 0.05。

2）先复制已有的 MOS_SERIES 串联版图到这个 MOS_PARALLEL 并联版图设计窗口里，关闭 MOS_SERIES 串联版图设计窗口。

3）画并联 PMOS 晶体管时，先修改 N 阱、有源区、掺杂区大小并移动部分金属布线 M1、接触孔和多晶硅栅，然后标尺确定多晶硅栅到接触孔的最小间距是 0.3 μm，复制接触孔和金属布线 M1 到这里，标尺确定接触孔另一侧到多晶硅栅的最小间距是 0.3 μm，再次移动多晶硅栅、N 阱、有源区、掺杂区、金属布线 M1 和接触孔到这个最小间距的位置。

4）画并联的金属布线，把版图两侧的金属布线 M1 连接起来，金属布线 M1 最小线宽不能低于 0.5 μm。

5）重叠的相同图层可以合并，按快捷键〈Shift+M〉，单击需要合并的图层，完成图层合并。并联 PMOS 晶体管版图完成。

6）绘制并联 NMOS 晶体管版图，复制刚画好的并联 PMOS 晶体管版图到新的合适位置，删除 N 阱，修改 P 型掺杂区 SP 为 SN，修改 N 型掺杂区 SN 为 SP，来达到修改 MOS 晶体管属性的目的。修改完成后，并联 NMOS 晶体管版图完成。清除标尺，保存。

画好的 MOS 晶体管串联版图如图 2-34 所示。

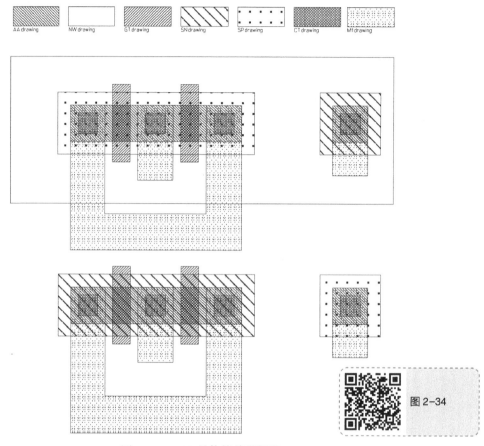

图 2-34　MOS 晶体管并联版图

（3）MOS 晶体管并联版图验证

开始版图规则验证。直到版图和所有规则都没有冲突和错误，就完成了 DRC 验证。

思考与练习

1. 有源区接触孔和多晶硅接触孔的作用各是什么？

2. 接触孔（Contact）和通孔（Via）有什么区别？

3. 掺杂的主要方法有哪两类？

4. 构成 PMOS 晶体管的版图层次有哪些？

5. PMOS 晶体管的衬底应该接什么电位，衬底区域应该掺什么类型的杂质？

项目 3　反相器版图设计

反相器版图是集成电路版图设计中的一个基本单元。在学习反相器版图前,需要了解集成电路版图标准单元设计的知识、标准单元在版图设计中的重要性、标准单元种类、标准单元版图设计的方法和设计要求等。本项目详细介绍反相器版图设计知识,包括单元设计规则、工艺设计工具包、版图与电路图的一一对应关系等,并给出了反相器版图设计与缓冲器版图设计的详细设计过程与实践操作。

任务 3.1　标准单元

标准单元库中包括版图库、符号库和电路逻辑库等。包含了组合逻辑、时序逻辑、功能单元和特殊类型单元,是集成电路芯片后端设计过程中的基础部分。运用预先设计好的优化的库单元进行自动逻辑综合和版图布局布线,可以极大地提高设计效率,加快产品进入市场的时间。

有实力的集成电路设计公司及加工厂家都应该拥有自己的标准单元库,因此建立一套完整的与工艺线相对应的、内容丰富的、设计合理及参数正确的单元库已成为设计必要的条件。

3.1.1　标准单元种类

标准单元能够实现不同逻辑功能的集成电路。按功能可分为组合逻辑单元、时序逻辑单元、其他功能单元,如表 3-1 所示。

表 3-1　标准单元种类

单元种类	单元内容
组合逻辑单元	Inverter 反相器,NOR、NAND 与非门/或非门,AND、OR 与/或门,BUFFER 缓冲器,MUX 多路选择器,XOR、XNOR 异或/同或门,AOI、OAI 与或非/或与非门,Adder 加法器包括全加器和半加器,Clock 时钟缓冲,延迟线,译码器,量化器
时序逻辑单元	Flip-Flop 触发器:如 D 触发器、JK 触发器等,可分为不同类型,如不同复位/置位端组合、单端输出或双端输出、单沿触发或双沿触发等 LATCH 锁存器:由两个反相器和两个数据开关组成,一般是电平触发。其电路结构是 D 触发器的一半,其中包括功能类型和驱动能力均不同的单元
其他功能单元	各种规模的 SRAM、ROM、振荡器、上电复位电路、电压比较器、运算放大器、锁相环和 I/O 单元等

一般来说各种门电路、触发器及各种 I/O 单元是一个标准单元库所必需的配置,这些配置可以满足一个纯数字电路的设计需要,在许多工艺中,其他宏单元(含模拟宏单元)中往往是以知识产权(Intellectual Property,IP)形式提供的。

3.1.2　标准单元版图设计

标准单元版图是按照功能要求,通过优化电路的结构布局,实现小面积大密度、布线合理规整、速度快、功耗低的最优设计。为了单元之间能够无缝对接、布局布线更有条理,每个单元中的各个端口、VDD（电源）及 GND（地）的位置，都要按规则的要求进行布置，以降低后面整个系统版图设计的难度。

标准单元版图要求高度一致、宽度可变。而宽度应为晶体管间距最小值的整数倍或半整数倍。晶体管间距一般可以为同一阱区同一掺杂区的间距（有时也为有源区的间距）。标准单元版图设计一般有布线标准，即基于网格的布线或基于设计规则的布线。具体使用怎样的设计方案，各家设计公司都各有异同。

3.1.3　Pitch 的设置

标准单元版图要求高度用 Pitch 计算。Pitch 是单元版图规则的一个计量单位。

为了方便版图的布局标准单元库的单元高度基本都是固定的，高度通常以 Pitch 作为计量单位，一般用第二层金属布线 M2 的 Pitch 来表示。

$$Pitch = MinSpacing + MinWidth（最小间距+最小宽度）$$

Pitch 的计算一般有 3 种，如图 3-1 所示。图 3-1a 所示为金属布线的中心线与中心线的距离；图 3-1b 所示为金属布线通孔与通孔的距离；图 3-1c 所示为金属布线中心线与通孔的距离。

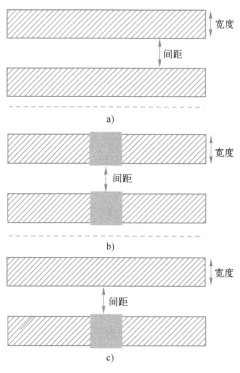

图 3-1　Pitch 计算

在中芯国际 0.35 μm 工艺规则中，Pitch 计算的 3 种方法如下。

1）图 3-1a 中 Pitch 计算用金属布线的中心线与中心线的距离。金属布线 M2 的最小间距 0.5 μm，布线宽度为 0.6 μm。这时，Pitch 值的计算公式为

最小间距(0.5 μm)+布线宽度(0.6 μm)= 1.1 μm

2）图 3-1b 中 Pitch 计算用金属布线通孔与通孔的距离。这时，Pitch 值的计算公式为

最小间距(0.5 μm)+2 倍的金属布线 M2 最小包围通孔(0.15 μm)+布线宽度(0.6 μm)= 1.4 μm

3）图 3-1c 中 Pitch 计算用金属布线中心线与通孔的距离。这时，Pitch 值的计算公式为

最小间距(0.5 μm)+1 倍的金属布线 M2 最小包围通孔(0.15 μm)+布线宽度(0.6 μm)= 1.25 μm

本书中，数字标准单元版图 Pitch 均使用金属布线 2 与金属布线 2 的距离，即 1.1 μm。所有的单元版图高度都为 Pitch 的 11 倍，即单元高度为 12.1 μm。

任务实践：标准单元版图设计

1. 设计环境设置

3-1　工艺库标准单元

1) 在 Linux 操作系统里面启动 Cadence 设计系统。启动完成以后，在启动窗口依次单击选择"Tools"→"Library Manager"，弹出"Library Manager"（库管理）窗口。

2) 在库管理窗口上，选中自己的库 LL，新建一个 Cell，名为 M1_AA，它表示：接触孔的顶层是金属布线 M1，底层是有源区。然后在这个 Cell 里新建一个版图文件，弹出版图设计窗口。

3) 在版图设计窗口中选择图层 LSW 窗口，设置有效的设计图层。在前面所选择的图层里，再增加 V2、M3 图层，以备后用。这样，现在 LSW 窗口中共有 11 个图层。

4) 设置捕获格点，X 轴、Y 轴均为 0.05。

2. M1_AA 版图设计

1) 在版图设计窗口，先画一个接触孔，长为 0.4 μm、宽为 0.4 μm。

2) 画底层有源区，有源区包围接触孔的最小包围尺寸是 0.15 μm。

3) 画顶层金属布线 M1，金属布线 M1 包围接触孔的最小包围尺寸是 0.15 μm。

4) 画好后，一定要把这个单元版图的中心移动到坐标原点（或使单元版图的左下角位于坐标原点）。完成后进行保存。

设计好的 M1_AA 版图如图 3-2 所示。最后进行版图设计规则验证。直到版图和所有规则都没有冲突和错误，就完成了 DRC 验证。关闭这些窗口。

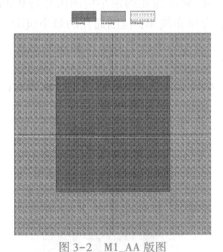

图 3-2

图 3-2　M1_AA 版图

3. M1_GT 版图设计

再新建一个名为 M1_GT 的 Cell。表示：接触孔的顶层是金属布线 M1，底层是多晶硅栅。版图绘制步骤如下。

1) 在版图设计窗口，先画一个接触孔，长为 0.4 μm、宽为 0.4 μm。

2) 画底层多晶硅栅，多晶硅栅包围接触孔的最小包围尺寸是 0.2 μm。

3）画顶层金属布线 M1，金属布线 M1 包围接触孔的最小包围尺寸是 0.15 μm。

4）画好后，一定要把这个单元版图的中心移动到坐标原点（或使单元版图的左下角位于坐标原点）。完成后进行保存。

设计好的 M1_GT 版图如图 3-3 所示。最后进行版图设计规则验证。直到版图和所有规则都没有冲突和错误，就完成了 DRC 验证。关闭这些窗口。

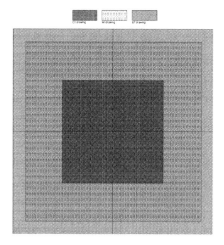

图 3-3　M1_GT 版图

4. V1 版图设计

再新建一个名为 V1 的 Cell。表示：通孔的顶层是金属布线 M2，底层是金属布线 M1。版图绘制步骤如下：

1）在版图设计窗口，先画一个通孔 V1，长为 0.5 μm、宽为 0.5 μm。

2）画底层金属布线 M1，M1 包围通孔的最小包围尺寸是 0.2 μm。

3）画顶层金属布线 M2，金属布线 M2 包围通孔的最小包围尺寸是 0.15 μm。

4）画好后，一定要把这个单元版图的中心移动到坐标原点（或使单元版图的左下角位于坐标原点）。完成后进行保存。

设计好的 V1 版图如图 3-4 所示。最后进行版图设计规则验证。直到版图和所有规则都没有冲突和错误，就完成了 DRC 验证。关闭这些窗口。

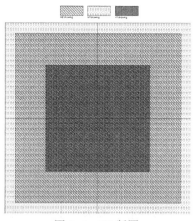

图 3-4　V1 版图

5. V2 版图设计

新建一个名为 V2 的 Cell。表示：通孔的顶层是金属布线 M3，底层是金属布线 M2。版图绘制步骤如下：

1）在版图设计窗口，先画一个通孔 V2，长为 0.5 μm、宽为 0.5 μm。

2）画底层金属布线 M2，M2 包围通孔的最小包围尺寸是 0.2 μm。

3）画顶层金属布线 M3，金属布线 M3 包围通孔 V2 的最小包围尺寸是 0.15 μm。

4）画好后，一定要把这个单元版图的中心移动到坐标原点（或使单元版图的左下角位于坐标原点）。完成后进行保存。

设计好的 V2 版图如图 3-5 所示。最后版图设计规则验证。直到版图和所有规则都没有冲突和错误，就完成了 DRC 验证。关闭这些窗口。

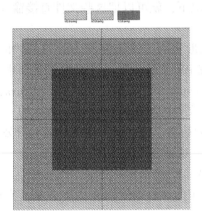

图 3-5　V2 版图

任务 3.2　PDK 认知

一般情况下，芯片制造公司（Foundry）会提供一个工艺设计工具包（Process Design Kit，PDK）文件。Foundry 提供的 PDK 是连接制造工厂与设计公司的一个很重要的桥梁。熟悉使用 PDK 是每个版图设计人员必须具备的能力。

1. PDK 包含的主要部分

1）器件模型（Device Model）：Foundry 提供的仿真模型文件。

2）Symbols & View：用于原理图设计的符号和通过了 Spice 仿真验证的参数化设计单元。

3）组件描述格式（Component Description Format，CDF）& Callback：器件的属性描述文件，定义了器件类型、器件名称、器件参数及参数调用关系函数集 Callback、器件模型和器件的各种视图格式等。

4）参数化单元（Parameterized cell，Pcell）：它由 Cadence 的 Skill 语言编写，其对应的版图通过了 DRC 和 LVS 验证，方便设计人员进行原理图驱动的版图（Schematic Driven Layout）设计流程。

5）技术文件（Technology File，TF）：用于版图设计和验证的工艺文件，包含 GDSII 的设计数据层和工艺层的映射关系定义、设计数据层的属性定义、在线设计规则、电气规则、显示色彩定义和图形格式定义等。

6）物理验证规则（PV Rule）文件：包含版图验证文件 DRC/LVS/RC 提取，支持 Cadence 的 Diva、Dracula、Assura 和 Mentor 的 Calibre 验证工具等。

2. PDK 的开发介绍

由晶圆厂提供的工艺信息，包括了设计规则文件、电学规则文件、版图层次定义文件、SPICE 仿真模型、器件版图和器件定制参数。晶圆厂提供的工艺信息是开发 PDK 唯一的输入条件，利用它们在 PDK 自动化系统（PDK Automation System，PAS）中开发图形化技术编辑器（Graphical Technology Editor，GTE）的数据集，即可生成 PDK 的各种工具包。

（1）技术文件

在 PAS GTE 中，技术文件中的层次定义方法是和 Virtuoso 版图编辑器一致的。在技术文件和显示文件都已经存在的情况下，就可以把这些文件直接输入到 PAS GTE 中。

（2）PV Rule 文件

PAS GTE 可以让用户用图形化的方式定制与 DRC/LVS/RCX 文件有关的工艺技术信息。然后通过 PAS GTE 生成器生成 PV 文件，用户可以根据需要生成各种 PV 工具支持的文件格式。这些文件不仅能够支持 Cadence 的 Assura、Dracula 和 Diva，而且还能支持 Mentor Calibre 和 Synopsys Hercules。它在 PV 文件的维护方面保证了数据的一致性，因此，用户不必为了维护不同的 PV 文件而付出大量的精力。特别地，晶圆厂需要开发和维护大量的 PV 文件以支持不同的设计平台，对它们来说，这种方法是非常有效的。

（3）Pcell 和 CDF&Callback

Pcell 是参数化的单元，这里的参数指的就是 CDF 参数。它们的组合能够实现用户定制的所有功能，是 PDK 的核心部分。

PDK 的 Pcell 和 CDF&Callback 都是由 Skill 语言开发的。Skill 编程语言可以定制并扩展用户的设计环境。它提供了一种安全和高级的编程环境，能自动处理很多传统的系统编程操作，如存储器管理。Skill 语言也能在 Cadence 的工具环境中被立即执行。更重要的是，它允许用户访问和控制所有工具环境中的组件，如用户接口管理系统、设计数据库和设计工具的命令库。

Pcell 是可编程单元，可以让用户创建定制器件。PDK 的库就是指所有 Pcell 的合集。用户创建的 Pcell 可以被称为一个 Master，由图形化版图和参数组成。当编译这个 Master 之后，它就以 Skill 程序的形式存储在数据库中。当调用版图时，参数会被赋予指定的值，或使用默认值。

Pcell 可以加速插入版图的数据，Pcell 避免单元的重复创建，节省了物理磁盘的空间，相似部分可以被连接到相同的资源；它避免了因为要维护相同单元的多个版本而发生的错误；Pcell 实现了层级的编辑功能，不需要为了改变版图的设计而去改变层级结构。

CDF 能够描述器件的参数及参数属性，让用户创建和描述定制器件。一些 CDF 还带有强大的 Callback 的功能，当某些参数改变时就会执行和它有关的 Callback。比如，在用户需要根据电阻的宽、长和方块阻值来计算其阻值的时候，就可以应用 Callback 来实现复杂等式的计算功能。

（4）库开发（Library Builder）

PAS 的 Library Builder 能把开发的 GTE 数据自动生成一套完整的 PDK，也就是说 Library Builder 会运行上面所有的 GTE 生成器来建立 PDK 库，它包含了 Pcell、CDF&Callback、PV 文件、技术文件、器件模型文件和 Symbol。生成的 PDK 库可以直接给用户使用。

任务 3.3 标准单元反相器版图设计

3.3.1 反相器电路图

如图 3-6a 为 CMOS 反相器的逻辑符号、图 3-6b 为电路图、图 3-6c 为真值表。CMOS 反相器的电路结构非常简单，它是由一个 PMOS 晶体管和一个 NMOS 晶体管连接而成，这样就能够依据电路图来设计反相器的版图了。

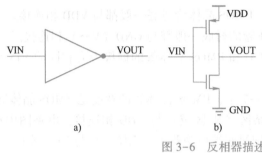

图 3-6　反相器描述

a）逻辑符号　b）电路图　c）真值表

3.3.2 反相器版图

图 3-7a 为反相器的简易版图，图 3-7b 为晶体管级电路图，设计反相器时需注意：
电路图中两个晶体管的栅极连在一起，作为反相器的输入；两个晶体管的漏极连接在一

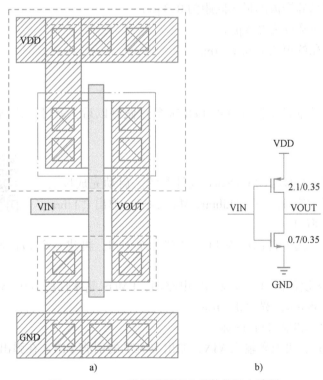

图 3-7　CMOS 反相器版图和晶体管级电路图

a）简易版图　b）电路图

起，作为反相器的输出；PMOS 晶体管的源极和衬底与电源相连，NMOS 晶体管的源极和衬底与地相连。

对应在版图设计中，两个晶体管栅极的连接通过多晶硅来实现；漏极的连接通过金属层来实现；源极和电源或地的连接通过金属层来实现的；衬底与电源或地的连接通过在衬底上加接触孔和金属层来实现。

在设计版图的时候，首先要设计好由晶体管组成的电路图，然后记住晶体管之间的连接关系，并将这种连接关系反映在版图中；其次，在设计版图时，一定要采用相应的版图设计规则。

通过分析图 3-7 可知：

1）无论在电路图中还是在版图中，PMOS 晶体管衬底一般都与 VDD 相连接。

2）在电路图和版图中，NMOS 晶体管的衬底一般都与 GND（VSS）相连接。

3）在电路图和版图中，NMOS 晶体管和 PMOS 晶体管的栅极上有相同的 VIN 信号，而其漏极上有相同的 VOUT 信号。

4）两种晶体管的宽度不同，在图 3-7 中，PMOS 晶体管的宽度是 NMOS 晶体管的 3 倍。

5）对于版图中 N 阱来说，N 型掺杂区（N^+ 区域）与 VDD 相连接；电路图中没有显示这一连接关系，PMOS 晶体管三端口器件把衬底端口隐藏了，系统默认与 VDD 连接。

6）对于版图中 P 型衬底来说，P 型掺杂区（P+ 区域）与 GND 相连接；电路图中没有显示这一连接关系，NMOS 三端口器件把衬底端口隐藏了，系统默认与 GND 连接。

在设计反相器简易版图时，比例一定要合适，不可以偏离太大。可以参考以下几个版图设计规则，这些设计规则在设计工艺规则手册中均有定义，分别是：

- 多晶硅末段延伸出有源区的最小距离为 0.40 μm。
- 有源区孔和多晶硅栅极的最小间距为 0.3 μm。
- 有源区孔的最小宽度为 0.4 μm。
- 金属包围接触孔的距离为 0.15 μm。

任务实践：反相器版图设计及 LVS 验证

反相器版图设计的准备工作（标准 Cell 版图）做好以后，就可以绘制版图了。下面开始反相器版图设计。

1. 反相器电路图绘制

在 Linux 操作系统里面启动 Cadence 设计系统。启动完成以后，在启动窗口依次选择 "Tools" → "Library Manager"，弹出 "Library Manager"（库管理）窗口。

3-2 反相器版图

在库管理窗口上，选中自己的库 LL，新建一个 Cell，再建一个 Cell 名为 INV 的电路图。绘制电路图步骤如下。

1）在电路原理图设计窗口，画反相器电路图，PMOS 晶体管长为 0.35 μm，宽为 2.1 μm；NMOS 晶体管长为 0.35 μm，宽为 0.7 μm。

2）放置电源 VDD 和地 GND 图标。

3）按快捷键〈p〉，再放置输入 VIN、输出 VOUT 的引脚 PIN，在弹出窗口中进行响应的设置。

4）进行反相器连线，保存，关闭这个窗口。

设计好的反相器电路如图 3-8 所示。

2. 反相器版图设计

开始画反相器的版图前需要先了解标准单元设计规则，其中单元版图的高度基本都是固定的，而其宽度是可以改变的，是所有的标准单元的基本准则。所以确定单元版图的高度，是因为后续自动布局布线的需要，只有单元高度定好了，才可以合理地布线与布局。通常，定义金属布线 M2 的最小线宽为

$$0.6\,\mu m + M2\ 与\ M2\ 之间的最小间距为 (0.5\,\mu m) = 1\ 个\ Pitch$$
$$= 1.1\,\mu m$$

而单元版图是这个 Pitch 的整数倍。在这个工艺里，可以定义为 12.1 μm 或 14.3 μm，具体根据版图设计要求和自动布局布线的需要而定。

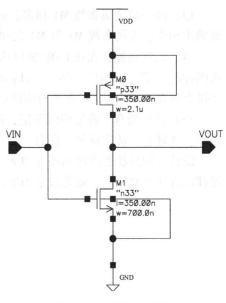

图 3-8 反相器电路图

在 INV 的 Cell 里新建一个版图文件，弹出版图设计窗口。在版图设计窗口中选择图层 LSW 窗口，设置有效的设计图层。然后设置捕获格点 X 轴、Y 轴都为 0.05。

反相器版图设计步骤如下。

1）用标尺确定反相器单元高度为 12.1 μm。

2）画 PMOS 晶体管。先画有源区，再画多晶硅栅，确定 PMOS 晶体管长为 0.35 μm，宽为 2.1 μm；

3）画接触孔。可以用插入单元版图的方法，按快捷键〈i〉，插入 M1_AA ，可以画两个。插入的单元版图只显示轮廓层次，要想把层次单元版图显示出来，按快捷键〈Shift+F〉。接触孔与接触孔的间距是 0.4 μm，多晶硅栅的左右各画一组。

4）画掺杂区 SP 和 N 阱 NW。N 阱边缘和坐标 Y 轴对齐。

5）在 N 阱中画 PMOS 晶体管衬底，标尺确定 P 型有源区到 N 型有源区最小间距为 0.6 μm，这里的尺寸为 0.9 μm。复制刚画好的两个接触孔，在复制移动状态，按住鼠标右键可以旋转图形，使图形旋转为横向，放置在 0.9 μm 处。

6）画有源区和掺杂区 SN。

7）画和衬底连接的金属布线 M1，长度和 N 阱的左右边缘对齐，下边缘与有源区对齐，宽度为 1.1 μm，上边缘与 N 阱的上边缘对齐。把 MOS 晶体管的源极和衬底用金属布线 M1 连接起来。

8）移动画好的所有版图，使版图上沿在 12.1 μm 处。

9）复制画好的所有版图，在复制移动状态时，按快捷键〈F3〉，在弹出的属性窗口中单击 "Upside Down" 完成上下对称设置，然后单击 "Hide" 按钮，放置，使其下沿和标尺的 0 μm 对齐。

10）删除 N 阱，修改 MOS 晶体管的尺寸为长 0.35 μm，宽 0.7 μm，再修改 MOS 晶体管属性为 NMOS 晶体管，SP 改为 SN，SN 改为 SP。

11）把 PMOS 晶体管的栅和 NMOS 晶体管的栅连接起来作为输入，PMOS 晶体管的漏极和 NMOS 晶体管的漏极用金属布线 M1 连接起来作为输出。

12）放置多晶硅栅接触孔，按快捷键〈i〉，插入 M1_GT，放置在栅上的合适位置。

13）画一段金属布线 M1 和多晶硅栅接触孔相连，再画一段金属布线 M1 和 MOS 晶体管漏极输出相连。金属布线 M1 与 M1 之间的最小间距是 0.45 μm，这里的尺寸是 0.55 μm。

14）放置图标，先在 LSW 窗口选中 M1，然后按快捷键〈1〉，在弹出窗口中的 Label 栏输入图标的名字"VDD!"，高度"Hight"填写 0.5，单击"Hide"，放置在 PMOS 晶体管的衬底连接金属布线 M1 上。再放置对应图层图标"GND!"、输入 VIN、输出 VOUT。

15）合并所有重叠的相同图层，按快捷键〈Ctrl+A〉，全部选中后，按快捷键〈Shift+M〉合并。画好后，清除标尺，保存。

设计好的反相器版图如图 3-9 所示。版图设计完成后进行规则验证，直到版图和所有规则都没有冲突和错误，就完成了 DRC 验证。关闭 DRC 验证窗口。

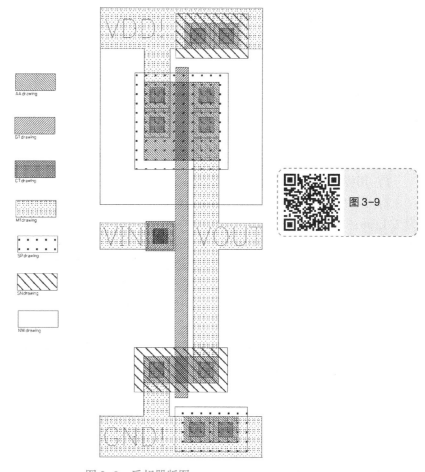

图 3-9　反相器版图

3. 反相器版图 LVS 验证

反相器版图和电路图对比 LVS 验证。步骤如下。

1）在版图编辑窗口的菜单栏选择"Calibre"→"Run LVS"，弹出窗口中单击"Cancel"按钮，新出现的 LVS 启动主窗口如图 3-10 所示。

2）在主窗口中单击"Rules"，在"LVS Rules File"这里单击"浏览"按钮，弹出 LVS 文件选择对话框，然后找到做验证的扩展名是".lvs"的文件，单击"OPEN"按钮确定。

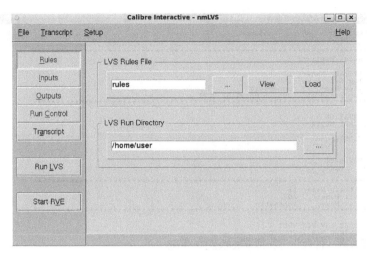

图 3-10　LVS 主窗口

3）回到 LVS 启动窗口，单击"Inputs"，在"Layout"中选中"Export from layout viewer"；在"Netlist"中选中"Export from schematic viewer"。

4）回到 LVS 启动窗口，单击"Run LVS"，如果出现是否覆盖文件窗口，一律单击"OK"按钮，如果没有，一直往下运行。

5）之后弹出 LVS 运行结果窗口，其中有一项不匹配是由于电路原理图导出网表文件时，模型名错误，版图模型名为 P33、N33，电路图模型名为 PM、NM，如图 3-11 所示。

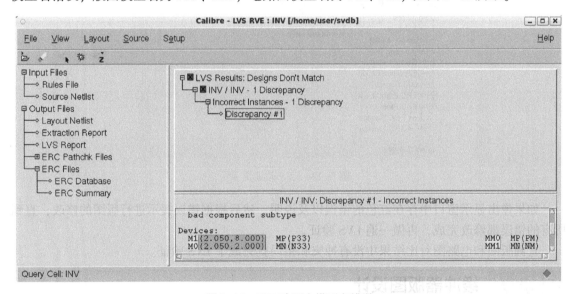

图 3-11　LVS 验证中模型名错误

6）回到 LVS 启动窗口，选择"Inputs"中的"Netlist"，然后单击"View"按钮，弹出电路图网表文件，如图 3-12 所示。

7）在这个窗口中单击右下角的红色 Edit，使它转变为绿色 Edit，修改网表文件中所有的 NM 为 N33、PM 为 P33，然后保存，关闭这个窗口。

8）回到"Netlist"中，取消选中"Export from schematic viewer"。

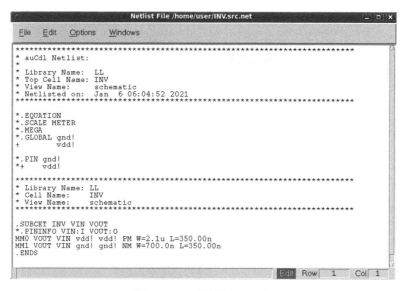

图 3-12　电路图网表文件

9）在 LVS 启动窗口，再次单击 Run LVS。如果弹出的显示窗口中结果是绿色的"笑脸"，那么 LVS 验证无误，如图 3-13 所示。

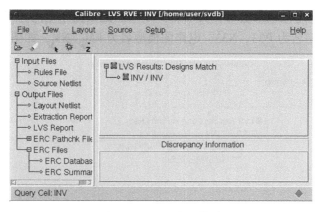

图 3-13　LVS 验证结果

如果弹出显示窗口中存在红色的错误以及说明，然后根据错误提示进行版图的修改，直到所有的错误都修改完成，再做一遍 LVS 验证。

直到版图和电路图对比结果中没有冲突和错误就完成了 LVS 验证。

任务 3.4　缓冲器版图设计

3.4.1　缓冲器电路图

多个反相器串联在一起可以构成缓冲器（Buffer）。如果有偶数个反相器串联在一起，则输入和输出的逻辑是相同的。如果有奇数个反相器串联在一起，则输入和输出的逻辑是相反的。缓冲器提供了电信号的整形，并为扇出负载提供了更大的驱动能力。缓冲器的电路符号图如图 3-14 所示。

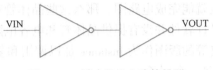

图 3-14 缓冲器的电路符号图

3.4.2 缓冲器版图

可利用图3-7中的反相器简易版图来进行缓冲器的简易版图设计，将第一个反相器的输出与第二个反相器的输入连接在一起就完成了缓冲器的设计。可以先复制第一个反相器，然后在第一个反相器后面粘贴放置第二个反相器，用金属线将第一个反相器的输出连接至第二个反相器的输入即可，图3-15a为简易版图，图3-15b为电路图。

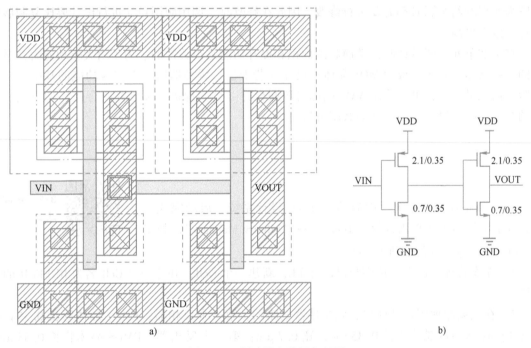

图 3-15 缓冲器电路图与版图
a）简易版图 b）电路图

3.4.3 层次化版图设计

在版图设计中，比较简单的单元版图绘制、修改可以用复制的方法，较复杂的版图大多数不采用直接复制的方法来绘制具有相同功能的版图。复制的最大缺点是：当有一个晶体管的尺寸发生变化时，其他所有被复制的晶体管的尺寸都要进行相应的修改，这会增加版图修改工作量。在后续版图设计课程中，大多数较复杂的版图都采用层次化设计，以避免该缺点。

层次化设计，它含有引用或使用其他版图单元作为自身结构的一部分，子单元又可以引用其他单元。这与计算机程序中子程序的嵌套设计概念类似。这种嵌套可以一直进行下去，直到整个芯片的设计完成为止。

画电路图时，可以把MOS晶体管、晶体管、电阻、电容和电源等作为实例（Instance）加以调用和复制，然后进行连线就能完成电路图。那么这些晶体管和电阻、电容元件属于电路图的底层元器件。画版图时，设计软件并没有提供晶体管和电容电阻元件等的版图，于是可以将设计好的版图单元或门级电路等的版图作为 Instance 加以调用和复制。反相器版图设计实践操作中插入单元版图 M1_AA 就是一个例子。

一般把各自独立，相互之间没有关系的晶体管和逻辑门单元版图作为最底层单元。开始进行设计时，需要建立大量的底层版图单元，并且把它们存放到库中，以便后续版图设计时调用。新的版图单元调用了若干个底层单元，组成另外一个版图又可以作为一个更复杂版图的底层单元。这种过程持续进行下去，不断将单元进行嵌套，逐层调用。因此，层次化设计就是包含其他单元版图的设计，而被包含的单元又可以依次包含别的单元版图。

如果需要对设计进行全局修改，只需要修改底层版图单元即可，这将使版图设计工作变得更加容易。在调用反相器版图单元的设计中，只需要修改反相器单元即可；而通过复制反相器版图来实现的新版图时都需要进行修改。因此在修改时，调用版图单元进行设计要比复制版图设计，效率更高。

在标准单元版图设计时，精简版图面积和提升功能是很关键的。为了增大驱动能力，缓冲器的后级反相器要比前级的 MOS 晶体管尺寸大若干倍。缓冲器版图在实现功能的基础上，为了版图面积最小化，可以采用 MOS 晶体管源漏合并（公共源极、漏极并联合并）的方法。下面的缓冲器版图设计采用了精简版图方法。

任务实践：缓冲器版图设计

1. 缓冲器电路图绘制

1）在 Linux 操作系统里面启动 Cadence 设计系统。启动完成以后，在启动窗口依次单击选择"Tools"→"Library Manager"，弹出"Library Manager"（库管理）窗口。

3-3 缓冲器版图

2）在库管理窗口上，选中自己的库 LL，新建一个 Cell，并建一个 Cell 名为 BUFFER 的电路图。

3）在电路原理图设计窗口，画缓冲器电路图，第一个反相器，PMOS 晶体管长 0.35 μm，宽 2.1 μm；NMOS 晶体管长 0.35 μm，宽 0.7 μm；第二个反相器，PMOS 晶体管长 0.35 μm，宽 4.2 μm；NMOS 晶体管长 0.35 μm，宽 1.5 μm。

4）放置电源 VDD 和地 GND；再放置输入 A、B 的引脚，输出 Z 引脚。

5）进行缓冲器电路连线。这个电路第二个反相器的输出是第一个反相器驱动能力的二倍。保存后关闭这个窗口。

设计好的缓冲器电路图如图 3-16 所示。

2. 缓冲器版图设计

然后在这个 BUFFER 的 Cell 里新建一个版图，弹出版图设计窗口。在版图设计窗口中选择图层 LSW 窗口，设置有效的设计图层。然后设置捕获格点 X 轴、Y 轴均为 0.05。

缓冲器的版图绘制步骤如下。

1）用标尺确定缓冲器单元高度为 12.1 μm。复制反相器版图 INV 到这个缓冲器版图窗口里，放在第一象限，放置时整体版图左下角对齐标尺 0 点。

2）把和 VDD、GND 相连的金属布线 M1 裁剪一下，按快捷键〈Shift+C〉，先选中需要裁

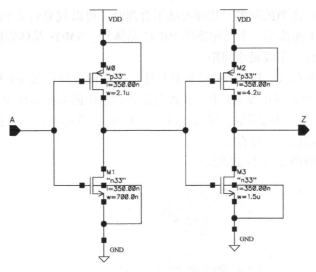

图 3-16　缓冲器电路图

剪的图层，单击确定裁剪起点，松开左键，移动鼠标到合适位置，再单击一下，确定终点，完成裁剪。

3）和 VDD、GND 相连的金属布线保留，其他金属布线都删除（包括金属线图标 VIN、VOUT 和栅接触孔等）。

4）统一延伸 MOS 晶体管有源区、掺杂区、N 阱区的大小到合适位置，注意所选中延伸的区域。

5）标尺确定 MOS 晶体管右边的多晶硅栅到接触孔的间距是 0.3 μm，复制多晶硅栅到 0.3 μm 这个位置。

6）用标尺确定多晶硅栅到右边接触孔的间距是 0.3 μm，复制 MOS 晶体管接触孔到 0.3 μm 这个位置。

7）标尺确定右边的接触孔到有源区边缘的最小包围是 0.15 μm。统一调整有源区、掺杂区、N 阱区的大小到 0.15 μm 这个位置。

8）调整 VDD 和 GND 的连接布线 M1 的长度和 N 阱右边缘对齐。先用标尺确定一个参考线，然后延伸调整。

9）标尺确定第一个反相器的 PMOS 晶体管的长为 0.35 μm、宽为 2.1 μm。NMOS 晶体管的长为 0.35 μm、宽为 0.7 μm。

10）标尺确定第二个反相器的 PMOS 晶体管的长为 0.35 μm、宽为 4.2 μm；补充画有源区 AA，到 4.2 μm 处；多晶硅栅被有源区包围，最小包围是 0.5 μm；补充画 P 型掺杂区 SP；调整 N 阱到合适位置；补充漏区接触孔为 5 个。

11）补充画第二个反相器的 NMOS 晶体管的长为 0.35 μm、宽为 1.5 μm；补充画有源区 AA；补充画掺杂区；补充漏区接触孔为 2 个。

12）画金属布线 M1。金属布线 M1 连接 NMOS 晶体管源极接触孔，再与 GND 相连；金属布线 M1 连接 PMOS 晶体管源极接触孔，再与 VDD 相连；金属布线 M1 连接第二个反相器的 PMOS 晶体管和 NMOS 晶体管漏极接触孔，再与输出 Z 相连。

13）插入单元版图 M1_GT。分别将其放置在两个栅上的合适位置，并且确保栅与栅之间的间距大于等于最小间距为 0.45 μm，M1 与 M1 的间距大于等于最小间距 0.45 μm。如果不满足条件，图层应该进行适当的调整。比如布线不合理时，可以裁剪到最小间距或最小线宽。

14）金属布线 M1 连接第一个反相器的 PMOS 晶体管、NMOS 晶体管的接触孔，再与第二个反相器的栅相连，注意布线最小间距。

15）画一段金属布线 M1 和输入栅接触孔相连，画一段金属布线 M1 和输出 Z 相连。放置图标 A 在输入栅相连的金属布线 M1 上，放置图标 Z 在输出的金属布线 M1 上。

16）合并所有重叠的相同图层，按快捷键〈Ctrl+A〉，全部选中后，按快捷键〈Shift+M〉合并。完成以后，清除标尺，保存。

设计好的缓冲器版图如图 3-17 所示。

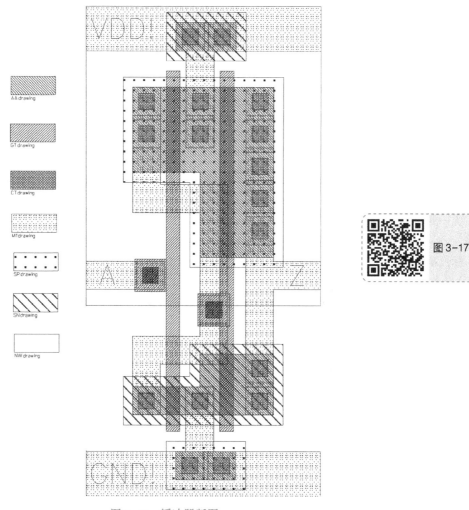

图 3-17 缓冲器版图

3. 缓冲器版图验证

开始版图设计规则验证。直到版图和所有规则都没有冲突和错误，就完成了 DRC 验证。关闭 DRC 验证窗口。

然后开始版图和电路图对比 LVS 验证。启动 LVS，加载对应验证文件，在"Inputs"选项的"Netlist"中选择"Export from schematic viewer"，运行 LVS。运行结果中，有一项不匹配，是由于电路原理图导出网表文件时，模型名错误。修改网表文件中所有的 PM 为 P33、NM 为

N33，然后保存。回到"Netlist"中，取消选中"Export from schematic viewer"选项。

最后再次运行 LVS，直到版图和电路图对比结果中，没有冲突和错误就完成了 LVS 验证。

思考与练习

修改图 3-18 所示的 CMOS 反相器版图的设计错误。图中有 6 个错误，修改要求如下。

1）找出这些错误，把错误填写在各个序号后的空白处，并写出当发生这些错误时，电路可能会出现的问题。

2）把各个错误的序号标注到版图上。

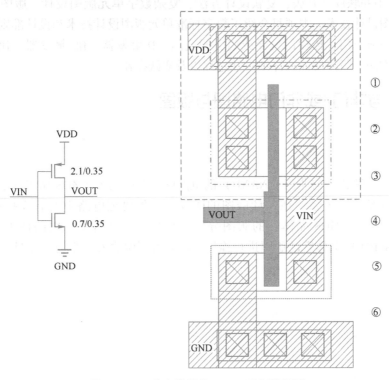

图 3-18　一个有错误的 CMOS 反相器版图

项目 4 数字单元版图设计

数字单元版图主要由基本逻辑门版图构成。通过逻辑门版图设计的学习，读者可以熟练掌握 MOS 晶体管串并联设计方法、复联设计方法、复杂数字单元版图设计、版图的层次化设计方法以及棍棒图设计技术。本项目介绍了数字标准单元版图设计技术和设计准则，给出了与非门、或非门、与或非门、传输门、异或门、同或门、D 触发器、RS 触发器、比较器和 SRAM 等的版图设计方法与版图设计的详细设计过程以及实践操作。

任务 4.1 与非门/或非门电路图与版图

4.1.1 与非门电路图

图 4-1 为一个两输入与非门（NAND）的电路图，其中两个 NMOS 晶体管是串联关系，两个 PMOS 晶体管是并联关系。在设计版图的时候，首先要把电路中所有连接在一起的串联 NMOS 晶体管和并联 PMOS 晶体管的版图分别设计出来，然后根据电路图的连接关系，将 NMOS 晶体管和 PMOS 晶体管的版图进行连接，最后得到两输入与非门的版图。

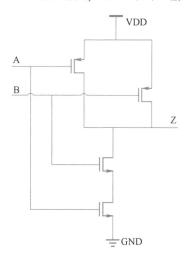

图 4-1　两输入与非门的电路图

任务实践：与非门版图设计

（1）与非门电路图设计

1）在 Linux 操作系统里面启动 Cadence 设计系统。启动完成以后，在启动窗口依次单击选择"Tools" → "Library Manager"，弹出"Library Manager"（库管理）窗口。

4-1　与非门版图

2）在库管理窗口上，选中自己的库 LL，新建一个 Cell，并建一个 Cell 名为 NAND 的电路图。

3）在电路原理图设计窗口，画与非门电路图，PMOS 晶体管长 0.35 μm，宽 3.0 μm，选中 "Bulk node connection"（衬底连接）选项，PMOS 晶体管一律填写 "VDD!"；NMOS 晶体管长 0.35 μm，宽 1.5 μm，"Bulk node connection"（衬底连接）选项，NMOS 晶体管一律填写 "GND!"。

4）放置电源 VDD 和地 GND；再放置输入 A、B 的引脚和输出 Z 的引脚 PIN。并进行与非门电路连线，保存，关闭这个窗口。

设计完成后的与非门电路图如图 4-2 所示。

（2）与非门版图设计

然后在这个 NAND 的 Cell 里新建一个版图，弹出版图设计窗口。在版图设计窗口中选择图层 LSW 窗口，设置有效的设计图层。然后设置捕获格点 X 轴、Y 轴均为 0.05。

下面开始画与非门的版图。步骤如下。

1）用标尺确定与非门单元高度为 12.1 μm。复制反相器版图 INV 到这个与非门版图窗口里，放置时，整体版图左下角对齐标尺 0 点，放在第一象限。

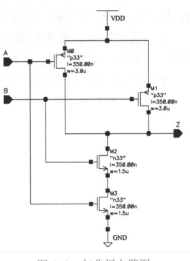

图 4-2　与非门电路图

2）把和 VDD、GND 相连的金属布线 M1 裁剪一下，按快捷键〈Shift+C〉，先选中需要裁剪的图层，单击确定裁剪起点，松开左键，移动鼠标到合适位置，再单击一下，确定终点，完成裁剪。

3）和 VDD、GND 相连的金属布线保留，其他金属布线都删除（包括金属线图标 VIN、VOUT 等）。

4）用标尺确定 PMOS 晶体管的长为 0.35 μm，宽为 3.0 μm，统一调整有源区、掺杂区、N 阱区的大小到合适位置，使有源区位于 3.0 μm 处。补充的接触孔，源、漏区都是三个。

5）用标尺确定 NMOS 晶体管的长为 0.35 μm，宽为 1.5 μm，统一调整有源区、掺杂区的大小到合适位置，使有源区位于 1.5 μm 处。补充的接触孔，源、漏区都是两个。

6）统一延伸 MOS 晶体管有源区、掺杂区、N 阱区的大小到合适位置，注意所选中延伸的区域。

7）用标尺确定 MOS 晶体管右边的多晶硅栅到接触孔的间距是 0.3 μm，复制多晶硅栅到这个位置。

8）用标尺确定多晶硅栅到右边接触孔的间距是 0.3 μm，复制 MOS 晶体管接触孔到这个位置。

9）用标尺确定右边的接触孔到有源区边缘的最小包围是 0.15 μm。统一调整有源区、掺杂区、N 阱区的大小到 0.15 μm 这个位置。

10）调整 VDD 和 GND 的连接 M1 的长度和 N 阱右边缘对齐。先用标尺确定一个参考线，然后延伸调整。

11）画金属布线 M1，删除串联 NMOS 晶体管的两个栅之间的接触孔；金属布线 M1 连接 NMOS 晶体管一端源极接触孔再与 GND 相连；金属布线 M1 连接 NMOS 晶体管另一端漏极接触孔再与输出 Z 相连。金属布线 M1 连接 PMOS 晶体管一端源极接触孔再与 VDD 相连；金属布线 M1 连接 PMOS 晶体管另一端源极接触孔再与 VDD 相连；金属布线 M1 连接 PMOS 晶体管公共漏极接触孔再与输出 Z 相连。把 PMOS 晶体管的输出 Z 和 NMOS 晶体管的输出 Z 连在一起。

12）插入单元版图 M1_GT，分别将其放置在两个栅上的合适位置，并且确保栅与栅之间的间距大于等于最小间距为 0.45 μm，M1 与 M1 的间距大于等于最小间距 0.45 μm，如果不满足条件，应该进行适当的图层调整，比如布线不合理时，可以裁剪到最小间距或最小线宽。

13）画金属布线 M1 分别和这两个栅接触孔相连。放置图标 A 在第一个栅相连的金属布线 M1 上，放置图标 B 在第二个栅相连的金属布线 M1 上，放置图标 Z 在输出的金属布线 M1 上。

14）合并所有重叠的相同图层，按快捷键〈Ctrl+A〉，全部选中后，按快捷键〈Shift+M〉合并。完成后，清除标尺，保存。

设计完成后的与非门版图如图 4-3 所示。

图 4-3　与非门版图

（3）与非门版图验证

1）版图设计规则验证，直到版图和所有规则都没有冲突和错误，就完成了 DRC 验证。关闭 DRC 验证窗口。

2）版图和电路图对比 LVS 验证。启动 LVS，加载对应验证文件，在"Inputs"的"Netlist"里选中"Export from schematic viewer"，运行 LVS。运行结果中，有一项不匹配，是由于电路原理图导出网表文件时，模型名错误。修改网表文件中所有的 NM 为 N33、PM 为 P33，然后保存。回到"Netlist"，取消选中"Export from schematic viewer"。

3）再次运行 LVS，直到版图和电路图对比结果中，没有冲突和错误，就完成了 LVS 验证。关闭 LVS。

4.1.2 或非门电路图

两输入或非门（NOR）的电路图如图 4-4 所示，观察并比较与非门和或非门的电路结构图可以发现，NMOS 晶体管和 PMOS 晶体管的连接正好相反，在两输入或非门中，NMOS 晶体管是并联关系，PMOS 晶体管是串联关系，二者的版图也存在着相似性。先设计两个串联的 PMOS 晶体管和两个并联的 NMOS 晶体管，然后再通过金属线将两部分连接起来，最后得到或非门版图。

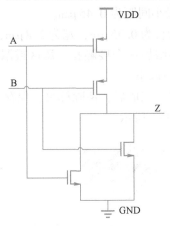

图 4-4　两输入或非门的电路图

任务实践 1：或非门版图设计

（1）或非门电路图设计

1）在 Linux 操作系统里面启动 Cadence 设计系统。启动完成以后，在启动窗口依次单击选择"Tools"→"Library Manager"，弹出"Library Manager"（库管理）窗口。

4-2　或非门版图

2）在库管理窗口上，选中自己的库 LL，新建一个 Cell，再建一个 Cell 名为 NOR 的电路图。

3）在电路原理图设计窗口，画或非门电路图，PMOS 晶体管长为 0.35 μm，宽为 2.8 μm；NMOS 晶体管长为 0.35 μm，宽为 2.6 μm。

4）放置电源 VDD 和地 GND；再放置输入 A、B 的引脚和输出 Z 的引脚。并进行或非门电路连线，保存，关闭这个窗口。

设计完成的或非门电路图如图 4-5 所示。

（2）或非门版图设计

在这个 NOR 的 Cell 里新建一个版图，弹出版图设计窗口。在版图设计窗口中选择图层 LSW 窗口，设置有效的设计图层。然后设置捕获格点 X 轴、Y 轴均为 0.05。

下面开始画或非门的版图，步骤如下：

1）用标尺确定或非门单元高度为 12.1 μm。复制与非门版图 NAND 到这个或非门版图窗口里。复制版图移动时，按快捷键〈F3〉，上下镜像放置时，确保整体版

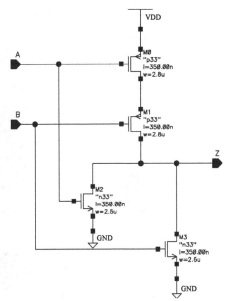

图 4-5　或非门电路图

图左下角位于标尺 0 点。图标"VDD！"、"GND！"和相应衬底接触孔的位置可以挪移互换。

2）修改所有 MOS 晶体管的掺杂层，SP 改为 SN、SN 改为 SP。修改图层按快捷键〈q〉，"GND！"改为"VDD！"，图标"VDD！"改为"GND！"。移动 N 阱区使其上沿和金属布线"VDD"上沿对齐。

3）用标尺确定 NMOS 晶体管长为 0.35 μm，宽为 2.6 μm，统一移动有源区和 N 型掺杂区，使有源区在 2.6 μm 处。调整移动金属布线 M1 与图标 A、B、Z 相连的那些布线段到合适位置，注意金属布线 M1 之间的最小间距为 0.45 μm。

4）用标尺确定 PMOS 晶体管长为 0.35 μm，宽为 2.8 μm，统一移动有源区和 P 型掺杂区，使有源区在 2.8 μm 处。源漏区各增加一个接触孔。源区或漏区接触孔用金属布线 M1 连接起来。适当做一些金属布线的增加与调整。

5）合并所有重叠的相同图层。完成后，清除标尺，保存。

设计完成的或非门版图如图 4-6 所示。

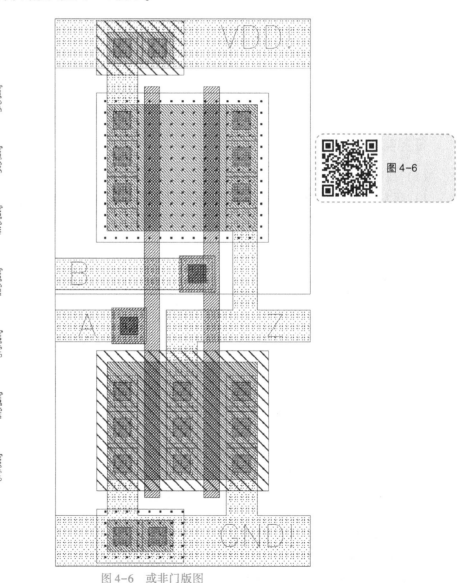

图 4-6   或非门版图

（3）或非门版图验证

1）版图规则验证，直到版图和所有规则都没有冲突和错误，就完成了 DRC 验证。关闭 DRC 验证窗口。

2）版图和电路图对比 LVS 验证。启动 LVS，加载对应验证文件，在 "Inputs" 的 "Netlist" 里选中 "Export from schematic viewer"，运行 LVS。运行结果中，有一项不匹配，是由于电路原理图导出网表文件时，模型名错误。修改网表文件中所有的 NM 为 N33、PM 为 P33，然后保存。回到 Netlist 中，取消选中 "Export from schematic viewer"。

3）再次运行 LVS，直到版图和电路图对比结果中，没有冲突和错误就完成了 LVS 验证。关闭 LVS。

任务实践 2：或非门版图优化设计

（1）或非门电路图设计

在 Linux 操作系统里面启动 Cadence 设计系统。启动完成以后，在启动窗口依次单击选择 "Tools" → "Library Manager"，弹出 "Library Manager"（库管理）窗口。

4-3　或非门版图优化

在库管理窗口上，选中自己的库 LL 中的 Cell 名为 NOR，右击，选择 "Copy"，在弹出的窗口中，目标 Cell 填写：NOR_LO。电路原理图不要修改，还使用或非门原图，如图 4-5 所示。

（2）或非门版图优化设计

打开这个 NOR_LO 版图，弹出版图设计窗口。在版图设计窗口中选择图层 LSW 窗口，设置有效的设计图层。然后设置捕获格点 X 轴、Y 轴都为 0.05。

下面开始画或非门优化的版图，主要是通过修改接触孔数量、多晶硅栅的图层形状、有源区大小和重新布局布线等。

步骤如下：

1）删除 MOS 晶体管多余接触孔，各个源漏区只保留一个。裁剪删除部分金属布线，只保留电源和地的布线，调整部分接触孔位置，删除多晶硅栅。

2）用标尺确定接触孔到多晶硅栅的最小间距是 0.3 μm，画多晶硅栅图层，使用形状 Path，按快捷键〈P〉，单击确定起点，松开左键，移动鼠标时，按快捷键〈F3〉，弹出图层属性窗口，修改宽度 "Width" 为 0.35，"Justification" 选择 "right"，"Snap Mode"（捕获模式）选择 "diagonal"（斜线）。单击 "Hide"，完成属性设置。再次移动鼠标时，按标尺快捷键〈K〉，进入画标尺状态，确定有源区到多晶硅栅的最小包围尺寸是 0.5 μm，按快捷键〈Esc〉，退出标尺操作状态，返回刚才画多晶硅图层状态，继续下一步。单击确定拐点，可以做 45°角和 90°角处理，直到完成整个多晶硅栅布局和布线，连续单击两下，退出。

3）用标尺确定多晶硅栅与栅之间的最小间距是 0.45 μm，同样的方法，画第二个多晶硅栅图层，确保 PMOS 晶体管长为 0.35 μm，宽为 2.8 μm；NMOS 晶体管长为 0.35 μm，宽为 2.6 μm。

4）延伸有源区、掺杂区、N 阱区到最小包围处，调整有源区接触孔的位置到合适位置。

5）重新移动放置栅接触孔到合适位置，然后进行金属布线，注意最小间距是 0.45 μm，移动放置输入和输出相应图标在合适位置。可以发现，优化后的版图面积比原版图小了很多。

6）在多晶硅栅上补充一小块图层，主要是为了合并相同图层 GT。然后，合并所有重叠的相同图层。完成后，清除标尺。

7）调整 VDD 和 GND 的图标位置和布线 GND 的长度与 VDD 对齐。检查一下，确保没有问题，保存。

设计好的或非门优化版图如图 4-7 所示。

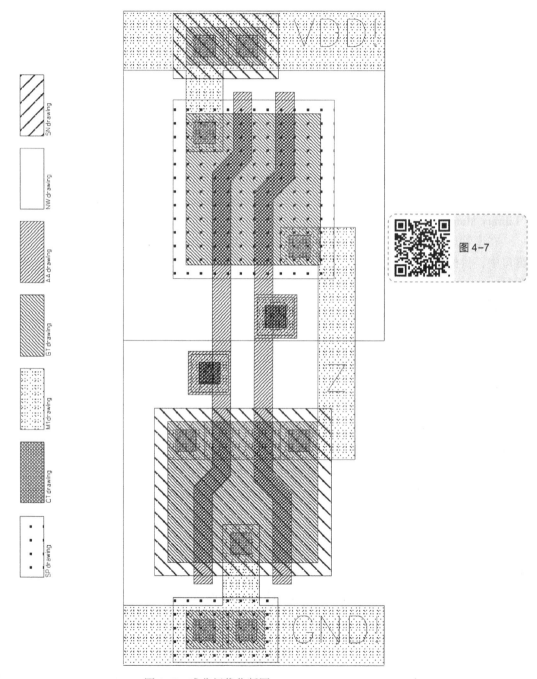

图 4-7　或非门优化版图

（3）或非门版图优化验证

开始版图设计规则验证，直到版图和所有规则都没有冲突和错误，就完成了 DRC 验证。

在绘制版图的过程中，有时候会用错绘图层，或者文字标注错误，或者创建了错误的接触孔等，一种方法是将错误的内容删除，重新绘制；另一种方法比较简便，可以通过修改属性的方式来更改错误的内容。

任务 4.2　复合逻辑门版图设计

4.2.1　MOS 晶体管的复联

MOS 晶体管的复联是比串联和并联更复杂的连接，包括先串后并和先并后串。

图 4-8a 是一个 MOS 晶体管与或复联电路。它的 PMOS 晶体管电路网络是先串联再并联，只要掌握它们之间节点的相互关系，版图就可以画出来，图 4-8b 是它的 PMOS 晶体管网络与或复联简易版图。

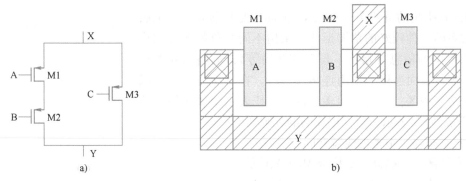

图 4-8　MOS 晶体管与或复联电路图与简易版图
a）电路图　b）简易版图

图 4-9a 是一个 MOS 晶体管或与复联电路。它的 PMOS 晶体管电路网络是先并联后串联，只要掌握它们之间节点的相互关系，版图就可以画出来，图 4-9b 是它的 PMOS 晶体管网络或与复联简易版图。

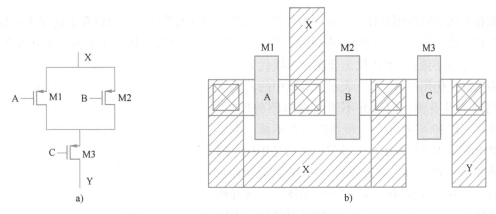

图 4-9　MOS 晶体管或与复联电路图与简易版图
a）电路图　b）简易版图

4.2.2　棍棒图设计

复合逻辑门大多数是由基本的逻辑非门、与非和或非等构成的复杂逻辑与或非、或与非、与或和或与等门电路。设计方法与上述复联电路的设计方法相类似。图 4-10 是一个四输入的与或非门（AOI22，表示两个两输入的与门相或非的电路结构图。

其实现的逻辑功能为：

$$Z = \overline{A \cdot B + C \cdot D}$$

电路构成是由两个并联的 PMOS 晶体管与另外一组两个并联的 PMOS 晶体管串联，然后与两组并联在一起的两个串联的 NMOS 晶体管串联。对于晶体管数目比较多的电路，在设计版图的时候先用一些简单的几何图形进行草图设计，当所有晶体管及连线关系都设计完毕并检查无误时，按照草图在设计软件里进行具体的版图设计。

1. 棍棒图的设计规则

Williams 提出的棍棒图（Stick Diagram）是目前表示以上版图结构关系的一种较好的草图形式，采用不同颜色的线或图形表示版图各层的信息（层次、位置和制约等），电路的元器件值用文字表示，而连接关系用连接点表示。在层次方面，可以用绿线表示有源区，红线表示多晶硅，蓝线表示金属布线，接触孔用符号"×"表示。建立棍棒图的规则如下。

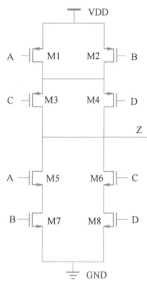

图 4-10　AOI22 的电路结构图

1）只重布局，不考虑线宽和间距。

2）有源区和多晶硅正交构成 MOS 晶体管。

3）金属线可以跨越有源区和多晶硅而不连接。

4）层之间的连接由"×"，表示接触孔。

5）金属布线 M1 和 M2 可以交叉，它们之间用通孔进行连接。

棍棒图的主要应用是解决布局问题，为完成电路图至版图的布局提供了方便的解决方法。在正式版图设计之前使用棍棒图布局版图设计，可以节省大量的时间。

2. 混合棍棒图的设计

现在集成电路版图设计人员常用棍棒图来画版图设计的草图，也可以在上述方法的基础上加以改进，建立符合自己条件的棍棒图。有一种称为"混合棍棒图"的方法，它用矩形代表有源区（宽度不限）；实线代表金属；虚线代表多晶硅；而接触孔仍用符号"×"表示。版图中的其他层次在棍棒图没有画，但这并不影响棍棒图的使用。例如阱区、P⁺和 N⁺ 掺杂层在棍棒图中都不画，为了区分 PMOS 晶体管和 NMOS 晶体管，通常是用标注的电源线和地线来区分，靠近电源线 VDD 的是 PMOS 晶体管，靠近地线 GND 的是 NMOS 晶体管。或者从位置来区分，位于上面一排的为 PMOS 晶体管，下面一排为 NMOS 晶体管。

图 4-11 是采用混合棍棒图画的四输入与或非门（AOI22）的棍棒图。棍棒图中没有画的层次，在画版图的时候，要根据设计规则将它们都补充进去。

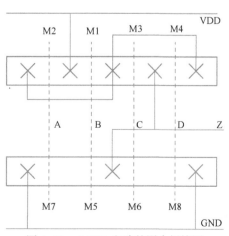

图 4-11　AOI22 电路的混合棍棒图

3. 最小面积版图设计

对于版图设计，除了要设计出正确的版图连接关系，有时候还要考虑最小面积版图问题。下面介绍一下如何正确地合并源漏区，减小版图面积。

对于 CMOS 晶体管组合逻辑门电路来说，它是由 PMOS 晶体管网络和 NMOS 晶体管网络构成的，而且 PMOS 晶体管上拉网络必须是 NMOS 晶体管下拉网络的对偶网络。即 NMOS 晶体管下拉网络中所有的并联对应着 PMOS 晶体管上拉网络的串联，下拉网络的串联对应着上拉网络的并联。

多输入的 CMOS 晶体管复合逻辑门版图，以下列逻辑表达式为例：

$$Z = \overline{A \cdot (D+E) + B \cdot C}$$

电路图如图 4-12a 所示。将上拉下拉网络中的每个晶体管用一边线表示，每个节点用一顶点表示，并将上拉网络和下拉网络分离，如图 4-12b、c 所示。

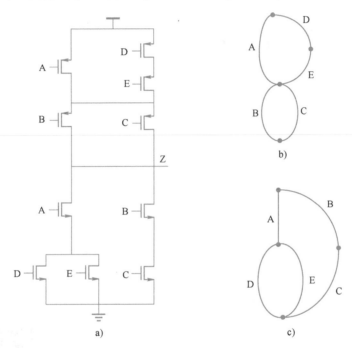

图 4-12   MOS 晶体管复合逻辑门电路图及网络
a) 电路图   b) 上拉网络   c) 下拉网络

构建 CMOS 晶体管复合逻辑门的最小面积版图。通过合并源漏极可以使版图面积最小，需要多晶硅栅极合理排序。确定最佳栅极排序的一种简单方法是欧拉路径法。

欧拉路径是指该路径经过图的每一条边且仅经过一次。如果路径起点和终点相同，则称"欧拉回路"。具有欧拉路径但不具有欧拉回路的图称"半欧拉图"。

在下拉网线图和上拉网线图中找一条具有相同输入标号顺序的欧拉路径，即在两个线图中找一个共同的欧拉路径。图 4-13 显示了上拉下拉网络的共同欧拉路径，在两种情况下，欧拉路径都从 X 开始到 Y 结束。

可以看出，在两个线图中有相同的序列（E-D-A-B-C），即欧拉路径。多晶硅栅极序列可以根据这个欧拉路径排序，简化的棍棒图如图 4-14 所示。其优点在于具有紧凑的版图面积，信号通道简单。

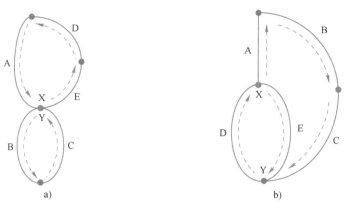

图 4-13 NMOS 晶体管网络和 PMOS 晶体管网络中共同的欧拉路径

a) 上拉 PMOS 晶体管网络 b) 下拉 NMOS 晶体管网络

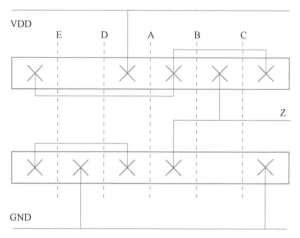

图 4-14 CMOS 晶体管复合逻辑门简化的棍棒图

任务实践：MOS 晶体管复联版图设计

1. MOS 晶体管串并联版图设计

（1）电路图绘制

1）在 Linux 操作系统里面启动 Cadence 设计系统。启动完成以

后，在启动窗口上依次选择"Tools"→"Library Manager"，弹出"Library Manager"（库管理）窗口。

2）在库管理窗口上，选中自己的库 LL，新建一个 Cell，并建一个 Cell 名为 MOS_S_P 的电路图。

3）在电路原理图设计窗口，画 MOS 晶体管串并联电路图，复制 MOS 晶体管串联（MOS_SERIES）电路图到这里。复制一个 PMOS 晶体管，放置在合适位置，再复制一个 NMOS 晶体管放置在合适位置，然后进行 PMOS 晶体管和 NMOS 晶体管串并联电路连线。保存，关闭这个电路原理图设计窗口。

设计完成的 MOS 晶体管串并联电路图如图 4-15 所示。

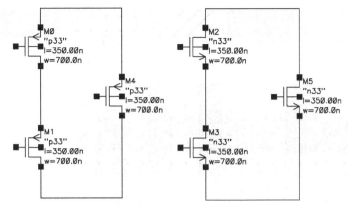

图 4-15   MOS 晶体管串并联电路图

（2）MOS 晶体管串并联版图设计

然后在这个 MOS_S_P 的 Cell 里新建一个版图，弹出版图设计窗口。在版图设计窗口中选择图层 LSW 窗口，设置有效的设计图层。然后设置捕获格点 X 轴、Y 轴都为 0.05。

下面开始画 MOS 晶体管串并联的版图，步骤如下。

1）复制 MOS 晶体管串联版图（MOS_SERIES）到这个 MOS 晶体管串并联版图窗口里。

2）删除版图左侧金属布线 M1，统一延伸 PMOS 晶体管和 NMOS 晶体管的左侧有源区、掺杂区、N 阱区到合适位置，复制右侧金属布线 M1 到左侧接触孔处，注意最小包围尺寸是 0.15 μm。

3）用标尺确定左侧接触孔到多晶硅栅 GT 的最小间距是 0.3 μm，统一复制 MOS 晶体管右侧多晶硅栅、接触孔、金属布线 M1，复制时，按键盘键〈F3〉进行左右镜像，放置到 0.3 μm 处。统一延伸 MOS 晶体管左侧有源区、掺杂区、N 阱区到最小包围接触孔的 0.15 μm 处。

4）进行串并联金属布线，适当做一些金属布线的增加与调整。

5）合并所有重叠的相同图层。完成后，清除标尺，保存。

设计完成的 MOS 晶体管串并联的版图如图 4-16 所示。

（3）MOS 晶体管串并联版图验证

开始版图规则验证，直到版图和所有规则都没有冲突和错误，就完成了 DRC 验证。关闭 DRC 验证窗口。MOS 晶体管串并联版图完成，然后关闭这个窗口。

2. MOS 晶体管并串联版图设计

（1）电路图绘制

1）在库管理窗口上，选中自己的库 LL，新建一个 Cell，并建一个 Cell 名为 MOS_P_S 的电路图。

2）在电路原理图设计窗口，画 MOS 晶体管并串联电路图。复制 MOS 晶体管串并联电路图到这里，删除连线，重新放置 MOS 晶体管到合适位置，然后进行 PMOS 晶体管和 NMOS 晶体管并串联电路连线。保存，关闭这个电路原理图设计窗口。

设计完成的 MOS 晶体管并串联电路图如图 4-17 所示。

（2）MOS 晶体管并串联版图设计

下面开始画 MOS 晶体管并串联的版图。步骤如下。

1）在这个 MOS_P_S 的 Cell 里新建一个版图，弹出版图设计窗口。

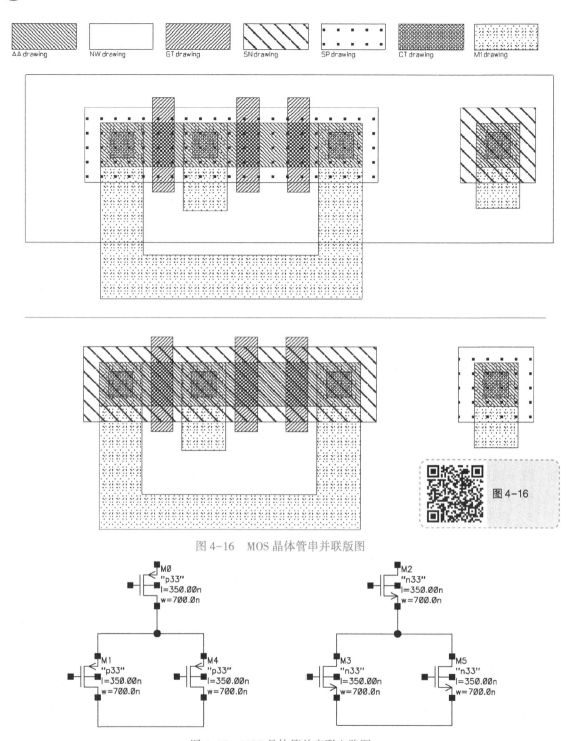

图 4-16　MOS 晶体管串并联版图

图 4-17　MOS 晶体管并串联电路图

2）复制 MOS 晶体管串并联版图（MOS_S_P）到这个 MOS 晶体管并串联版图窗口里。

3）统一延伸 PMOS 晶体管和 NMOS 晶体管的左侧有源区、掺杂区、N 阱区、金属布线 M1 和左侧两个多晶硅栅到合适位置，用标尺确定右侧多晶硅栅 GT 到接触孔的最小间距是 0.3 μm，复制接触孔到这个位置。

4）用标尺确定这个接触孔到左侧栅的最小间距是 0.3 μm，统一延伸 MOS 晶体管的左侧有源区、掺杂区、N 阱区、金属布线 M1 和左侧两个多晶硅栅到 0.3 μm 处。

5）进行并串联金属布线，适当做一些金属布线的增加与调整，注意金属布线 M1 最小包围接触孔是 0.15 μm。

图 4-18

6）合并所有重叠的相同图层，完成后，清除标尺，保存。

设计完成的 MOS 晶体管并串联的版图如图 4-18 所示。

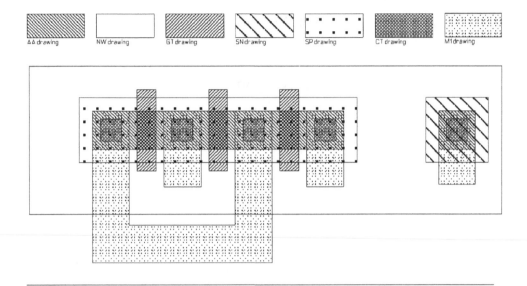

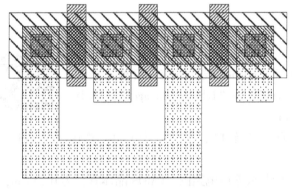
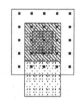

图 4-18　MOS 晶体管并串联版图

（3）MOS 晶体管并串联版图验证

开始版图规则验证，直到版图和所有规则都没有冲突和错误，就完成了 DRC 验证。关闭 DRC 验证窗口，MOS 晶体管并串联版图完成。

任务 4.3　与或非门/或与非门电路图与版图

4.3.1　与或非门电路图

如图 4-19 所示是一个三输入与或非门（AOI21）的电路图，对于 NMOS 晶体管来说，两个 NMOS 晶体管是串联关系，然后与一个 NMOS 晶体管并联；对于 PMOS 晶体管来说，两个 PMOS 晶体管是并联关系，然后与一个 PMOS 晶体管串联。在设计版图的时候，首先要把电路中 NMOS 晶体管复联和 PMOS 晶体管复联的版图分别设计出来，然后根据电路图的连接关系，将 NMOS 晶体管和 PMOS 晶体管的版图进行连接，最后得到三输入与或非门的版图。

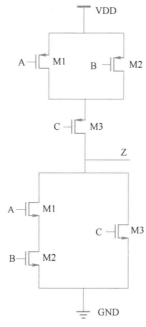

图 4-19　三输入与或非门的电路图

任务实践：与或非门版图设计

（1）电路图绘制

1）在操作 Linux 系统里面启动 Cadence 设计系统。启动完成以后，在启动窗口上依次选择"Tools"→"Library Manager"，弹出"Library Manager"（库管理）窗口。

4-5　与或非门版图

2）在库管理窗口上，选中自己的库 LL，新建一个 Cell，并建一个 Cell 名为 AOI 的电路图。

3）在电路原理图设计窗口，画与或非门电路图，PMOS 晶体管长为 0.35 μm，宽为 3.0 μm；NMOS 晶体管长为 0.35 μm，宽为 1.5 μm。

4）放置电源 VDD 和地 GND；再放置输入 A、B、C 的引脚，输出 Z 的引脚。并进行与或非门电路连线，保存，关闭这个窗口。

设计完成的与或非门电路图如图 4-20 所示。

（2）与或非门版图设计

然后在这个 AOI 的 Cell 里新建一个版图，弹出版图设计窗口。在版图设计窗口中选择图层 LSW 窗口，设置有效的设计图层。然后设置捕获格点 X 轴、Y 轴都为 0.05。先打开与非门版图 NAND。

下面开始画与或非门的版图。步骤如下：

1）用标尺确定与或非门单元高度为 12.1 μm。

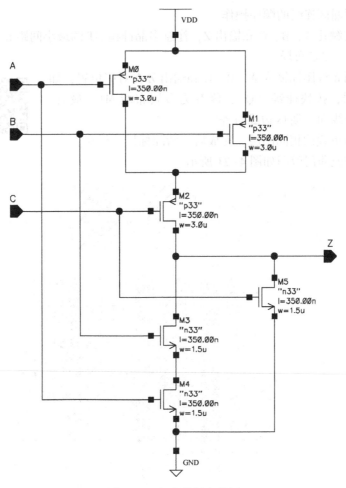

图 4-20　与或非门电路图

2）复制与非门版图 NAND 到这个与或非门版图窗口里，放置在第一象限里，确保整体版图左下角位于标尺 0 点。

3）用标尺确定 PMOS 晶体管长为 0.35 μm，宽为 3.0 μm；用标尺确定 NMOS 晶体管长为 0.35 μm，宽为 1.5 μm。

4）裁剪金属布线 M1 和 VDD、GND 的连线，只保留和接触孔相连的金属布线。裁剪金属布线 M1 和输出 Z 的连线，只保留和接触孔相连的金属布线，注意与输出 Z 的连线在 NMOS 晶体管漏区的部分都剪掉。

5）删除金属布线 A、B 的连线和相关联的栅接触孔，以及图标 A、B、Z。

6）统一延伸 MOS 晶体管有源区、掺杂区、N 阱区到合适位置。

7）用标尺确定版图右侧接触孔到多晶硅栅 GT 的最小距离是 0.3 μm，复制多晶硅栅和相邻接触孔及金属布线 M1 到 0.3 μm 处。

8）用标尺确定接触孔到有源区边缘的最小距离是 0.15 μm，统一延伸 MOS 晶体管有源区、掺杂区、N 阱区到 0.15 μm 处。

9）把 NMOS 晶体管的接触孔都用金属布线 M1 覆盖包围，注意应进行最小包围。下面进行金属 M1 布线，可以适当进行一些金属布线的增加与调整，注意布线宽度和最小间距，按照先电源和地、再源漏区连线的顺序操作。

10）放置栅接触孔 A、B、C 和输出 Z，注意多晶硅栅 GT 的最小间距和金属布线 M1 的最小间距是 0.45 μm，以及布局。

11）放置金属布线图标输入 A、B、C 和输出 Z 在对应位置，如果图标图层有错误，按快捷键〈Q〉，修改为金属布线 M1。最后，延伸电源和地的布线和 N 阱区边缘对齐。

12）合并所有重叠的相同图层。完成后，清除标尺，保存。

设计完成的与或非门版图如图 4-21 所示。

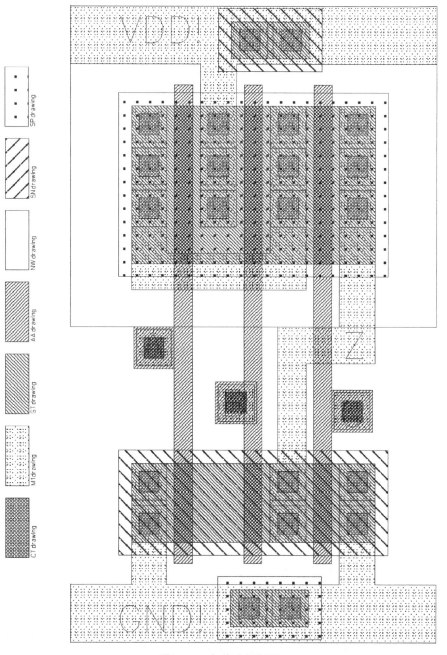

图 4-21　与或非门版图

（3）与或非门版图验证

1）版图规则验证，直到版图和所有规则都没有冲突和错误，就完成了 DRC 验证，关闭 DRC 验证窗口。

2）版图和电路图对比 LVS 验证。启动 LVS，加载对应验证文件，在 "Inputs" 的 "Netlist" 里选中 "Export from schematic viewer"，运行 LVS。运行结果中，有一项不匹配，是由于电路原理图导出网表文件时，模型名错误。修改网表文件中所有的 PM 为 P33、NM 为 N33，然后保存。回到 Netlist 中，取消选中 "Export from schematic viewer"。

3）再次运行 LVS，直到版图和电路图对比结果中，没有冲突和错误就完成了 LVS 验证。关闭 LVS。

4.3.2　或与非门电路图

图 4-22 是一个三输入或与非门（OAI21）的电路图，对于 NMOS 晶体管来说，两个 NMOS 晶体管是并联关系，然后与一个 NMOS 晶体管串联；对于 PMOS 晶体管来说，两个 PMOS 晶体管是串联关系，然后与一个 PMOS 晶体管并联。

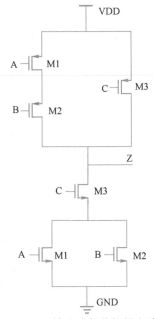

图 4-22　三输入或与非门的电路图

在设计版图时，首先要把电路中 NMOS 晶体管复联和 PMOS 晶体管复联的版图分别设计出来，然后根据电路图的连接关系，将 NMOS 晶体管和 PMOS 晶体管的版图进行连接，最后得到三输入或与非门的版图。

任务实践：或与非门版图设计

（1）电路图绘制

1）在 Linux 操作系统里面启动 Cadence 设计系统。启动完成以后，在启动窗口上依次单击 "Tools" → "Library Manager"，弹出 "Library Manager"（库管理）窗口。

4-6　或与非门版图

2）在库管理窗口上，选中自己的库 LL，新建一个 Cell，并建一个 Cell 名为 OAI 的电路图。

3）在电路原理图设计窗口，画或与非门电路图，PMOS 晶体管长为 0.35 μm，宽为 3.0 μm；NMOS 晶体管长为 0.35 μm，宽为 1.5 μm。

4）放置电源 VDD 和地 GND；再放置输入 A、B、C 引脚，输出 Z 的引脚。并进行或与非门电路连线，保存，关闭这个窗口。

设计完成的或与非门电路图如图 4-23 所示。

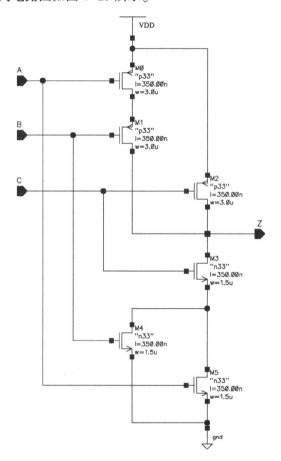

图 4-23　或与非门电路图

（2）或与非门版图设计

在这个 OAI 的 Cell 里新建一个版图，弹出版图设计窗口。在版图设计窗口中选择图层 LSW 窗口，设置有效的设计图层。然后设置捕获格点 X 轴、Y 轴都为 0.05。

1）用标尺确定或与非门单元高度为 12.1 μm。复制与或非门版图 AOI 到这个或与非门版图窗口里。复制版图移动时，按快捷键〈F3〉，上下镜像放置时，确保整体版图左下角位于标尺 0 点，放置在第一象限里。

2）修改所有 MOS 晶体管的掺杂层，SP 改为 SN、SN 改为 SP。图标"GND！"改为"VDD！"，图标"VDD！"改为"GND！"。移动 N 阱区使其上沿和金属布线 VDD 上沿对齐。

3）用标尺确定 PMOS 晶体管长为 0.35 μm，宽为 3.0 μm；用标尺确定 NMOS 晶体管长为 0.35 μm，宽为 1.5 μm。

4）修改 NMOS 晶体管的宽度为 0.15 μm，删除 NMOS 晶体管多余的接触孔，统一延伸金属布线和相关联的栅接触孔以及图标到 1.5 μm 处。

5）修改 PMOS 晶体管的宽度为 3.0 μm，补充 PMOS 晶体管有源区接触孔，注意接触孔最小间距是 0.4 μm。

6）修改补充 PMOS 晶体管接触孔金属布线，调整输出 Z 的金属布线和多晶硅栅接触孔及相应图标的位置，注意金属布线的最小间距是 0.45 μm。完成后，清除标尺，保存。

设计完成的或与非门电路图如图 4-24 所示。

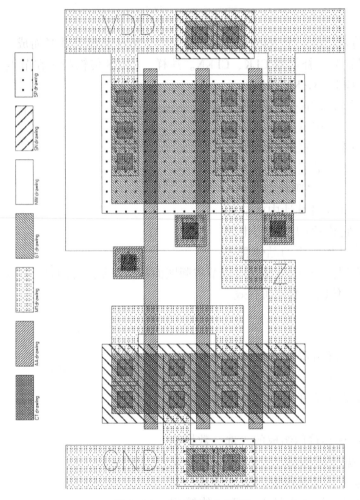

图 4-24　或与非门电路图

（3）或与非门版图验证

1）版图规则验证。直到版图和所有规则都没有冲突和错误，就完成了 DRC 验证，关闭 DRC 验证窗口。

2）版图和电路图对比 LVS 验证。启动 LVS，加载对应验证文件，在 "Inputs" 的 "Netlist" 里选中 "Export from schematic viewer"，运行 LVS。运行结果中，有一项不匹配，是由于电路原理图导出网表文件时，模型名错误。修改网表文件中所有的 PM 为 P33、NM 为 N33，然后保存。回到 Netlist 中，取消选中 "Export from schematic viewer"。

3）再次运行 LVS，直到版图和电路图对比结果中，没有冲突和错误就完成了 LVS 验证。关闭 LVS。

任务 4.4 传输门电路图与版图

CMOS 传输门（Transmission Gate，TG）是一种简单的开关电路，它能作为基本逻辑门来实现复杂的逻辑电路。

4.4.1 传输门电路图

如图 4-25 所示，CMOS 传输门由一个 NMOS 晶体管和一个 PMOS 晶体管并联而成。提供给这两个晶体管的栅电压也设置为互补信号 CLK、CLKN。这样，CMOS 传输门是在节点 A 和 Z 之间的双向开关，它受信号 CLK、CLKN 控制。

如果控制信号 CLK 是逻辑高电平，即等于 VDD，那么两个晶体管都导通，并在节点 A 和 Z 之间形成一个低阻电流通路。相反，如果控制信号 CLK 是低电平，那么两个晶体管都截止，节点 A 和 Z 之间是开路状态，这种状态也称为高阻状态。

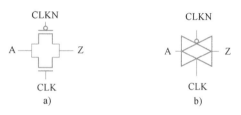

图 4-25　CMOS 传输门的电路图与符号图
a）电路图　b）符号图

CMOS 晶体管传输门在逻辑电路设计中的应用通常会形成紧凑的电路结构，它构建的逻辑门电路甚至比标准组合 CMOS 晶体管结构所用的晶体管要少。因此，采用 CMOS 晶体管传输门构建电路，可以节省版图面积。需要注意的是，控制信号和它的互补控制信号必须同时对传输门的导通有效。

4.4.2 传输门应用

利用 CMOS 传输门和 CMOS 反相器可以组成各种复杂的逻辑电路，例如数据选择器、寄存器、计数器和触发器等。传输门的另一个重要用途是作为模拟开关，用来传输连续变化的模拟电压信号。

如图 4-26 所示为两个 CMOS 传输门组成的二选一数据选择器（MUX2）电路图。该数据选择器的工作原理为：如果输入控制信号 CLK 是逻辑高电平，那么传输门 TG2 导通，其输出 Z 等于输入 B。如果控制信号 CLK 是低电平，传输门 TG1 导通，其输出 Z 等于输入 A。

传输门的使用一般成对出现，那么两个传输门版图可以采用栅极十字交叉的方法设计，PMOS 晶体管和 NMOS 晶体管的源漏合并作为公共输出端。

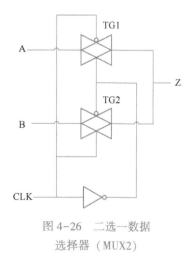

图 4-26　二选一数据
选择器（MUX2）

任务实践：传输门版图设计

（1）电路图绘制

1）在 Linux 操作系统里面启动 Cadence 设计系统。启动完成以后，在启动窗口上依次选择"Tools"→"Library Manager",弹出"Library Manager"(库管理)窗口。

2)在库管理窗口上,选中自己的库 LL,新建一个 Cell,并建一个 Cell 名为 TG 的电路图。

4-7 传输门版图

3)在电路原理图设计窗口,画传输门电路图。传输门开关电路一般都是成对出现的,在这里,画两组传输门开关电路。

4)PMOS 晶体管长为 0.35 μm,宽为 1.6 μm;NMOS 晶体管长为 0.35 μm,宽为 1.1 μm;

5)放置电源 VDD 和地 GND;再放置输入 A、输入 B、输入 ABAR、输入 BBAR 和输出 Z 的引脚。并进行传输门电路连线,保存,关闭这个窗口。

设计完成的传输门电路图如图 4-27 所示。

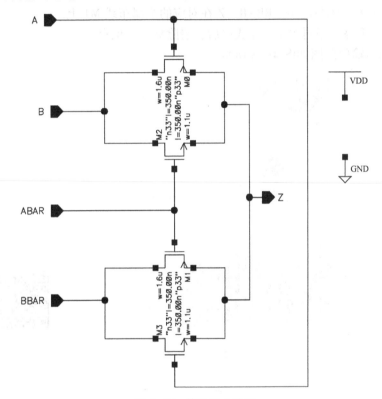

图 4-27 传输门电路图

(2)传输门版图设计

在这个传输门的 Cell 里新建一个版图,弹出版图设计窗口。在版图设计窗口中选择图层 LSW 窗口,设置有效的设计图层。然后设置捕获格点 X 轴、Y 轴均为 0.05。

下面开始画传输门的版图,步骤如下。

1)用标尺确定传输门单元高度为 12.1 μm。

2)复制与非门版图 NAND 到这个传输门版图窗口里,放置时,整体版图左下角对齐标尺 0 点,放在第一象限。

3)把和 VDD、GND 相连的金属布线 M1 裁剪一下,把和输出 Z 相连的金属布线 M1 裁剪一下,把连接晶体管栅的多晶硅布线 GT 裁剪一下,其中和 VDD、GND 相连的金属布线保留,其他布线都删除(包括金属线图标 VIN、VOUT 和栅接触孔等)。

4）用标尺确定 PMOS 晶体管的长为 0.35 μm，宽为 1.6 μm，统一调整有源区、掺杂区、N 阱区的大小到合适位置，使有源区位于 1.6 μm 处。删除多余源、漏区接触孔。

5）用标尺确定 NMOS 晶体管的长为 0.35 μm，宽为 1.1 μm，统一调整有源区、掺杂区的大小到合适位置，使有源区位于 1.1 μm 处。

6）删除多余源、漏区接触孔，补充公共源漏区接触孔。重新移动 PMOS 晶体管到合适位置，再移动 NMOS 晶体管到合适位置。

7）把 PMOS 晶体管的栅和 NMOS 晶体管的栅用多晶硅布线 GT 交叉连接，注意布线的线宽和间距。按照传输门电路图用金属布线 M1 连接 PMOS 晶体管和 NMOS 晶体管的对应源、漏区，注意布线间距。插入两个多晶硅栅接触孔 M1_GT，放置在对应位置。

8）放置图标 A、ABAR、B、BBAR、Z 在对应的金属布线 M1 上。

9）合并所有重叠的相同图层，完成以后，清除标尺，保存。

设计完成的传输门版图如图 4-28 所示。

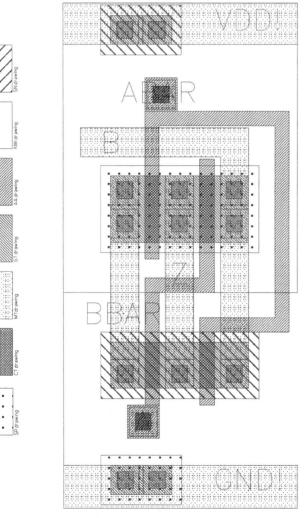

图 4-28 传输门版图

（3）传输门版图验证

1）版图规则验证，直到版图和所有规则都没有冲突和错误，就完成了 DRC 验证，关闭 DRC 验证窗口。

2）版图和电路图对比 LVS 验证。启动 LVS，加载对应验证文件，在"Inputs"的"Netlist"里选中"Export from schematic viewer"，运行 LVS。运行结果中，有一项不匹配，是由于电路原理图导出网表文件时，模型名错误。修改网表文件中所有的 PM 为 P33、NM 为 N33，然后保存。回到"Netlist"中，取消选中"Export from schematic viewer"。

3）再次运行 LVS，直到版图和电路图对比结果中，没有冲突和错误就完成了 LVS 验证。关闭 LVS。

任务 4.5　异或门/同或门电路图与版图

CMOS 异或门（XOR）、同或门（XNOR）是集成电路设计的一个重要逻辑门。

4.5.1　异或门电路图

由异或门逻辑关系知道：二输入异或门两个输入 A、B 为相同值时，输出为逻辑 0；当输入 A、B 值不相同时，输出为逻辑 1。因此可以得到异或门的逻辑表达式为

$$Z = A \oplus B = \overline{A} \cdot B + A \cdot \overline{B} = \overline{A \cdot B + \overline{A} \cdot \overline{B}}$$

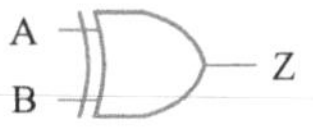

异或门的电路符号图如图 4-29 所示，其真值表如表 4-1 所示。

根据异或门逻辑表达式，可直接画出其电路图，如图 4-30 所示。

图 4-29　异或门的电路符号图

表 4-1　异或门真值表

A	B	Z
0	0	0
0	1	1
1	0	1
1	1	0

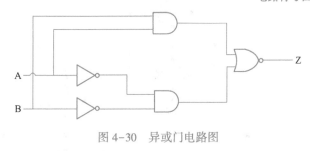

图 4-30　异或门电路图

这种结构的 CMOS 异或门电路共需要 12 个晶体管来实现。如果采用传输门来实现异或门电路，则只需要 8 个晶体管，如图 4-31 所示。它用两个 CMOS 传输门和两个 CMOS 反相器，就能实现同样的功能，逻辑功能可以通过真值表验证。

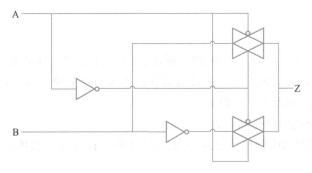

图 4-31　传输门实现的异或门

通过电路图的简化，可以使版图的实现更加容易。

任务实践：异或门版图设计

（1）电路图绘制

1）在 Linux 操作系统里面启动 Cadence 设计系统。启动完成以后，在启动窗口依次单击选择"Tools"→"Library Manager"，弹出"Library Manager"（库管理）窗口。

2）在库管理窗口上，选中自己的库 LL，新建一个 Cell，并建一个 Cell 名为 XOR 的电路图。

3）在电路原理图设计窗口，画异或门电路图。可以复制传输门开关电路图到这里，然后进行电路修改、完善。

4）PMOS 晶体管长为 $0.35\,\mu m$，宽为 $1.6\,\mu m$；NMOS 晶体管长为 $0.35\,\mu m$，宽为 $1.1\,\mu m$；放置电源 VDD 和地 GND；调整放置输入 A、输入 B、输出 Z 的引脚。并进行异或门电路连线，保存，关闭这个窗口。

设计完成的异或门电路图如图 4-32 所示。

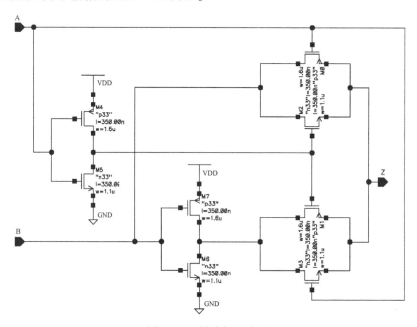

图 4-32　异或门电路图

（2）异或门版图设计

在这个 XOR 的 Cell 里新建一个版图，弹出版图设计窗口。在版图设计窗口中选择图层 LSW 窗口，设置有效的设计图层。然后设置捕获格点 X 轴、Y 轴均为 0.05。

下面开始画异或门的版图。步骤如下。

1）用标尺确定异或门单元高度为 $12.1\,\mu m$。

2）复制传输门版图 TG 到这个异或门版图窗口里，放置时，整体版图右下角对齐标尺 0 点，放在第二象限。

3）删除多余的金属线图标 ABAR、BBAR 等。左右镜像电源 VDD 和地 GND 的图标、衬底接触孔及相关有源区、掺杂区（已经镜像过的忽略这步操作，如版图 4-33 所示）。

4）统一延伸 MOS 晶体管有源区、掺杂区、N 阱区的大小到合适位置，注意所选中延伸的区域。再延伸电源 VDD 和地 GND 的布线到阱区的边缘。

5）用标尺确定 MOS 晶体管左边的接触孔到多晶硅栅的间距为 0.3 μm，复制多晶硅栅到这个位置，调整多晶硅栅的形状为线型。放置栅接触孔在合适位置，注意间距。

6）用标尺确定多晶硅栅到 P 型有源区布线的间距为 0.3 μm，画有源区布线，最小线宽尺寸是 0.3 μm，这里画为 0.35 μm，从 PMOS 晶体管有源区一直延伸到金属布线 VDD，画有源区接触孔，画 P 型掺杂区包围有源区布线。这样，可以把 PMOS 晶体管源极和电源 VDD 通过有源区布线连接起来。

7）延伸 N 阱，确定 N 阱包围 P 型有源区的最小包围尺寸是 1.2 μm。

8）复制 P 型有源区布线及接触孔，按快捷键〈F3〉，上下镜像后，放在合适位置，修改有源区布线属性为 N 型，把 NMOS 晶体管源极和地 GND 通过有源区布线连接起来。

9）用标尺确定有源区布线到多晶硅栅的间距是 0.3 μm，复制多晶硅栅到这个位置。再用标尺确定多晶硅栅到左边接触孔的间距是 0.3 μm，复制 MOS 晶体管接触孔和相关金属布线 M1 到这个位置。再次用标尺确定左边的接触孔到有源区边缘的最小包围尺寸为 0.15 μm。统一调整有源区、掺杂区、N 阱区、电源布线的大小到 0.15 μm 这个位置。

10）放置左侧栅的接触孔在合适位置，注意间距。

11）用金属布线 M1 连接反相器的 PMOS 晶体管和 NMOS 晶体管的对应源、漏区。

12）按照异或门电路图，进行布线连接，注意布线间距和线宽。

13）确保放置好图标 A、B、Z 在对应的金属布线 M1 上。

14）合并所有重叠的相同图层，完成以后，清除标尺，保存。

设计完成的异或门版图如图 4-33 所示。

（3）异或门版图验证

开始版图规则验证，直到版图和所有规则都没有冲突和错误，就完成了 DRC 验证，关闭 DRC 验证窗口。

然后开始版图和电路图对比 LVS 验证。启动 LVS，加载对应验证文件，在"Inputs"的"Netlist"里选中"Export from schematic viewer"，运行 LVS。运行结果中，有一项不匹配，是由于电路原理图导出网表文件时，模型名错误。网表文件中所有的 PM 修改为 P33、NM 为 N33，然后保存。回到"Netlist"中，取消选中"Export from schematic viewer"。

最后再次运行 LVS，直到版图和电路图对比结果中没有冲突和错误就完成了 LVS 验证。关闭 LVS。

4.5.2 同或门电路图

由同或门逻辑关系知道：二输入同或门两个输入 A、B 为相同值时，输出为逻辑 1；当输入 A、B 值不相同时，输出为逻辑 0。因此可以得到同或门的逻辑表达式为

$$Z=A \odot B=A \cdot B+\overline{A} \cdot \overline{B}$$

同或门的电路符号图如图 4-34 所示，其真值表如表 4-2 所示。

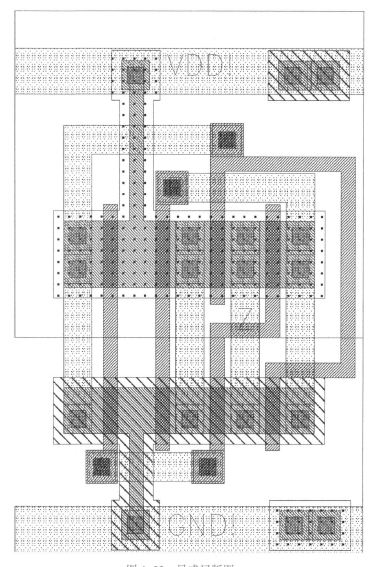

图 4-33　异或门版图

图 4-34　同或门的电路符号图

表 4-2　同或门真值表

A	B	Z
0	0	1
0	1	0
1	0	0
1	1	1

图 4-35 为 CMOS 同或门（XNOR）的电路图。它也是用两个 CMOS 传输门和两个 CMOS 反相器构成，就能实现同样的功能，逻辑功能可以通过真值表验证。

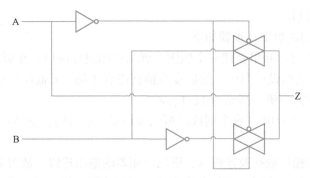

图 4-35　传输门实现的同或门

任务实践：同或门版图设计

（1）电路图绘制

1）在 Linux 操作系统里面启动 Cadence 设计系统。启动完成以后，在启动窗口上依次选择"Tools"→"Library Manager"，弹出"Library Manager"（库管理）窗口。

4-9　同或门版图

2）在库管理窗口上，选中自己的库 LL，新建一个 Cell，并建一个 Cell 名为 XNOR 的电路图。

3）在电路原理图设计窗口，画同或门电路图。可以复制异或门电路图到这里，然后进行电路修正。

4）PMOS 晶体管长为 0.35 μm，宽为 1.6 μm；NMOS 晶体管长为 0.35 μm，宽为 1.1 μm；一定放置好电源 VDD 和地 GND；再放置好输入 A、输入 B、输出 Z 的引脚。并进行同或门电路连线，保存，关闭这个窗口。

设计完成的同或门电路图如图 4-36 所示。

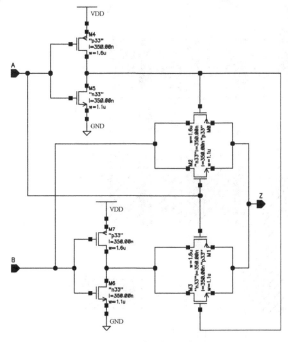

图 4-36　同或门电路图

（2）同或门版图设计

下面开始画同或门的版图。步骤如下：

1）在这个 XNOR 的 Cell 里新建一个版图，弹出版图设计窗口。在版图设计窗口中选择图层 LSW 窗口，设置有效的设计图层。然后设置捕获格点 X 轴、Y 轴均为 0.05。

2）用标尺确定同或门单元高度为 12.1 μm。

3）复制异或门版图 XOR 到这个同或门版图窗口里，放置时，整体版图左下角对齐标尺 0 点，放在第一象限。

4）删除反相器的栅接触孔及连线 A，删除反相器的输出连线。放置多晶硅栅接触孔。

5）重新按照同或门电路图，进行布线连接。可以使用布线工具，或者按快捷键〈P〉，单击确定起点，松开左键，移动鼠标，按快捷键〈F3〉，弹出布线属性窗口，设置布线宽度为 0.7 μm。单击确定布线拐点，可以进行直角布线处理，继续移动鼠标到合适位置，单击，确定终点。注意，金属布线 M1 的最小间距是 0.45 μm。

6）确保放置好图标 A、B、Z 在对应的金属布线 M1 上。

7）合并所有重叠的相同图层，完成以后，清除标尺，保存。

设计完成的同或门版图如图 4-37 所示。

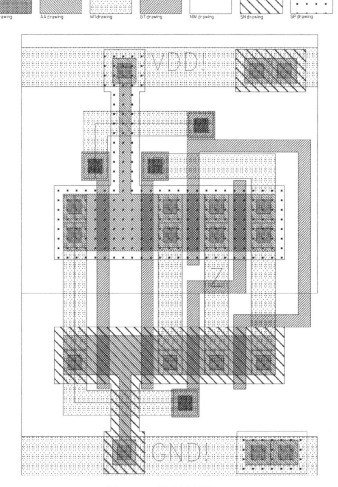

图 4-37

图 4-37　同或门版图

（3）同或门版图验证

1）版图规则验证，直到版图和所有规则都没有冲突和错误，就完成了 DRC 验证，关闭 DRC 验证窗口。

2）版图和电路图对比 LVS 验证。启动 LVS，加载对应验证文件，在"Inputs"的"Netlist"里选中"Export from schematic viewer"，运行 LVS。运行结果中，有一项不匹配，是由于电路原理图导出网表文件时，模型名错误。网表文件中所有的 PM 修改为 P33、NM 为 N33，然后保存。回到"Netlist"中，取消选中"Export from schematic viewer"。

3）再次运行 LVS，直到版图和电路图对比结果中，没有冲突和错误就完成了 LVS 验证。关闭 LVS。

任务 4.6 触发器电路图与版图

4.6.1 触发器介绍

前面介绍的所有版图电路都属于组合电路，在任意给定时刻的输出电平直接由当时输入变量的布尔函数决定，因此组合电路没有记忆功能，输出与先前的工作状态无关。

下面介绍另一类时序逻辑电路的版图设计。在这类电路中，输出信号不仅取决于当前的输入信号，还取决于先前的工作状态。大多数情况下，时序电路的再生功能是由于输出和输入之间有直接或间接的反馈通路。在某些情况下，再生作用也可以解释为是一种简单的存储功能。存储元件是时序系统中最关键的组成部分。

可以把存储元件分为以下两大类：

（1）锁存器（Latch）

锁存器是一种对脉冲电平敏感的存储单元电路，可以在特定输入时钟脉冲（Clock Pulse）电平作用下改变状态。锁存，就是把信号暂存以维持某种电平状态。锁存器是利用电平控制数据的输入，当内部存储器设置为数据输入时，锁存器是透明的，此时输入数据直接传输送到输出端。它包括不带使能控制的锁存器和带使能控制的锁存器。

（2）触发器（Flip-Flop）

在实际的数字系统中往往包含大量的存储单元，而且经常要求它们在同一时刻同步动作，为达到这个目的，在每个存储单元电路上引入一个时钟脉冲作为控制信号，只有当时钟脉冲到来时电路才被"触发"而动作，并根据输入信号改变输出状态。把这种在时钟信号触发时才能工作的存储单元电路称为触发器。触发器是非透明传输，数据值的读取和改变与触发器的输出值是两个独立的事件。

触发器根据逻辑功能的不同特点，可分为 D、T、RS 和 JK 触发器等几种类型。

1）在数字单元中，最常用的存储数据单元就是 D 触发器。存储元件输出端 Q 的数值是通过输入值 D 的时钟触发来决定的。

2）T 触发器，当输入端 T 的数据通过时钟触发时，T 触发器的输出端的值就发生反转。

3）RS 触发器，它是另一种存储元件，通过 S 端来置位或通过 R 端来复位（S 和 R 输入不能同时置为 1）。

4）JK 触发器，它跟 SR 型逻辑功能类似，只是它的 J 端和 K 端能够同时置为 1。

4.6.2 D触发器电路图

由传输门和反相器构成的D触发器符号图和电路图如图4-38所示。

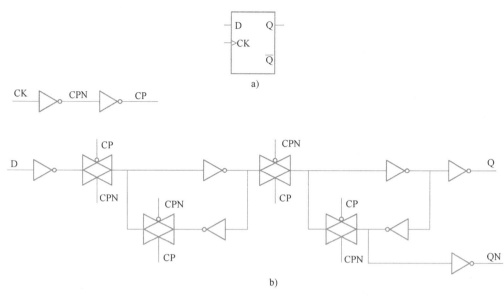

图4-38 D触发器符号图和电路图

a）符号图 b）电路图

  D触发器是两级主从触发器电路，由两个基本锁存器电路级联而成。第一级（主）触发器由脉冲信号（CP）驱动，CP是由输入时钟脉冲（CK）经缓冲器后得到。第二级（从）触发器由反相的脉冲信号（CPN）驱动。因此，主触发器对低电平敏感，而从触发器对高电平敏感。

  当时钟信号为低电平时，主触发器状态与D输入信号一致，而从触发器则保持其先前值。当时钟信号从逻辑0跳变到逻辑1时，主锁存器停止对输入信号采样，在时钟信号跳变时刻存储D值。同时，从锁存器变到开启状态，使主锁存器级存储的数据传输到从锁存器的输出Q（Q=D）或QN（$\overline{Q}$，Q的反相），因为从锁存级与D输入信号分离，所以输入不影响输出。当时钟信号再次从1跳变到0时，从锁存器锁存主锁存器的输出，主锁存器又开始对输入信号进行采样。D触发器真值表如表4-3所示。

表4-3 D触发器真值表

D	CK	Q	QN
0	时钟上升沿	0	1
1	时钟上升沿	1	0
×	0	Q的上一个状态	QN的上一个状态
×	1	Q的上一个状态	QN的上一个状态

任务实践1: D 触发器版图设计

(1) 电路图绘制

1) 在 Linux 操作系统里面启动 Cadence 设计系统。启动完成以后,在启动窗口依次选择 "Tools" → "Library Manager",弹出 "Library Manager"(库管理)窗口。

4-10 D 触发器版图

2) 在库管理窗口上,选中自己的库 LL,新建一个 Cell,并建一个 Cell 为 DFF 的电路图。

3) 在电路原理图设计窗口,画 D 触发器电路图,这是一个高电平触发的 D 触发器 (DFNRB)。所有的 MOS 晶体管长都是 0.35 μm,每个 PMOS 晶体管和 NMOS 晶体管的宽度差异很大,参考电路如图 4-40 所示,图中已经进行了明显的标注。

4) 画电路图的顺序为: 先放置 MOS 晶体管;然后放置电源 VDD 和地 GND;再放置输入 D、时钟 CK,输出 Q 和 QN 的引脚。然后进行 D 触发器电路连线,注意线网名连接。检查一下绘制电路图和参考电路图是不是一致,没有问题了,保存,关闭这个窗口。

设计完成的 D 触发器电路图如图 4-39 所示。

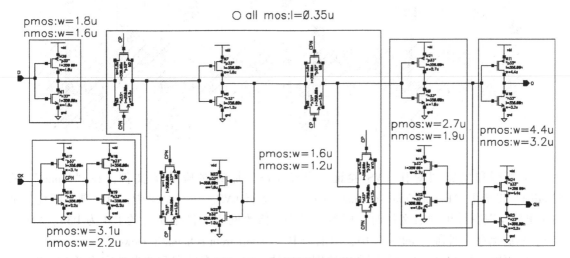

图 4-39 D 触发器电路图

(2) D 触发器版图设计

然后在这个 DFF 的 Cell 里新建一个版图,弹出版图设计窗口。在版图设计窗口中选择图层 LSW 窗口,设置有效的设计图层。然后设置捕获格点 X 轴、Y 轴均为 0.05。

下面开始绘制 D 触发器版图。步骤如下。

1) 用标尺确定 D 触发器版图单元高度为 12.1 μm。复制异或门版图 XOR 到这个 D 触发器版图窗口里,放置时,整体版图左下角对齐标尺 0 点。

2) 然后进行删除、裁剪、增补和延伸等一系列图层的布局和布线处理,最后得到完整的 D 触发器参考版图。

3) 当然也可以不参考示例版图,独立自行设计。(说明: 绘制版图过程略去,因为版图绘制时间长,较复杂。大部分画版图方法和规则前面都介绍过了,这里只提示一下,同一阱区中,包围对应有源区的掺杂区 SP 和 SN 之间的最小间距是 0 μm)。

4) 合并所有重叠的相同图层。完成后,清除标尺,保存。

设计完成的 D 触发器版图如图 4-40 所示。

（3）D 触发器版图验证

图 4-40

1）版图规则验证，直到版图和所有规则都没有冲突和错误就完成了 DRC 验证，关闭 DRC 验证窗口。

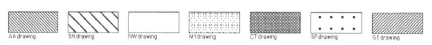

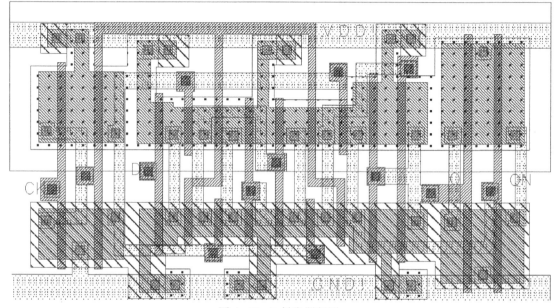

图 4-40 D 触发器版图

2）版图和电路图对比 LVS 验证。启动 LVS，加载对应验证文件，在"Inputs"的"Netlist"里选中"Export from schematic viewer"，运行 LVS。运行结果中，有一项不匹配，是由于电路原理图导出网表文件时，模型名错误。修改网表文件中所有的 PM 为 P33、NM 为 N33，然后保存。回到"Netlist"中，取消选中"Export from schematic viewer"。

3）再次运行 LVS，直到版图和电路图对比结果中，没有冲突和错误就完成了 LVS 验证。关闭 LVS。

任务实践2 D 触发器版图优化设计

（1）电路图绘制

4-11 D 触发器版图优化

1）在 Linux 操作系统里面启动 Cadence 设计系统。启动完成以后，在启动窗口依次单击选择"Tools"→"Library Manager"，弹出"Library Manager"（库管理）窗口。

2）在库管理窗口上，选中自己的库 LL 中的 Cell：DFF，复制到新的 Cell，名为 DFF_LO。电路原理图不要修改，还使用 D 触发器原图，如图 4-39 所示，然后保存。

（2）D 触发器版图优化

1）打开这个 DFF_LO 版图，弹出版图设计窗口。在版图设计窗口中选择图层 LSW 窗口，设置有效的设计图层。然后设置捕获格点 X 轴、Y 轴均为 0.05。

2）开始 D 触发器版图优化。进行一系列图层的处理后，最后得到完整的 D 触发器参考优化版图。

3）合并所有重叠的相同图层。完成后，清除标尺，保存。

设计完成的 D 触发器优化版图如图 4-41 所示。

当然也可以不参考示例版图，独立自行设计。（说明：优化版图过程略去，因为优化版图过程较复杂。大部分画版图方法和规则前面都介绍过了。）可以发现，优化后的版图面积比原版图小了很多。

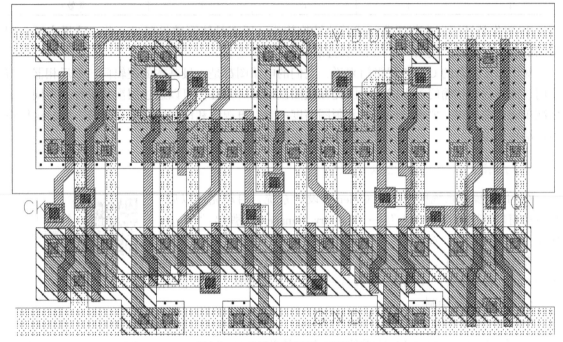

图 4-41　D 触发器版图（优化后）

（3）D 触发器优化版图验证

开始版图规则验证，直到版图和所有规则都没有冲突和错误就完成了 DRC 验证。关闭 DRC。

4.6.3　RS 触发器电路图

最简单的 RS 触发器电路由四个 CMOS 双输入与非门组成。RS 触发器电路符号图及电路图如图 4-42 所示。

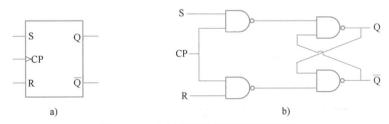

图 4-42　RS 触发器的符号图和电路图

a）符号图和电路图　b）电路图

此时，两个输入信号和 CP 信号均为高电平有效，即当 CP = "1"，S = "1"，R = "0"时，触发器输出 Q 被置位。同理，当 CP = "1"，S = "0"，R = "1"时，触发器被复位。只要时钟信号无效，即当 CP = "0"时，触发器就保持其状态。RS 触发器真值表如表 4-4 所示。

表 4-4 RS 触发器真值表

S	R	Q_{n+1}	$\overline{Q_{n+1}}$	工 作 状 态
0	0	Q_n	$\overline{Q_n}$	保持
1	0	1	0	置位
0	1	0	1	复位
1	1	0	0	无效

RS 触发器还可以由与或非门或其他结构构成，所需晶体管数目要少一些。这里主要介绍版图的层次化设计，使用一个与非门电路结构简单一些。

对于很多复杂的 CMOS 逻辑门来说，它们的电路图都是由最基本的逻辑门，如反相器、与非门、或非门和传输门等组成的，因此在版图设计的时候往往可以通过层次化设计。在同一个标准单元版图库中，要求设计的单元版图高度一致，电源线和地线的宽度也保持一致，这样在插入层次化设计之后，可以方便版图单元之间的连线。

任务实践：RS 触发器版图设计

在 Linux 操作系统里面启动 Cadence 设计系统。启动完成以后，在启动窗口依次选择 "Tools" → "Library Manager"，弹出 "Library Manager"（库管理）窗口。

4-12 RS 触发器版图

在库管理窗口上，选中自己的库 LL 中的 Cell：NAND，复制到新的 Cell，名为 RSFF_NAND。然后打开这个电路原理图，不要修改。

（1）电路符号绘制

电路图的层次化设计需要设计符号（Symbol）。现在生成与非门（NAND）的符号，步骤如下。

1）在 RSFF_NAND 原理图编辑窗口依次选择 "Create" → "Cellview" → "From Cellview"，如图 4-43 所示。

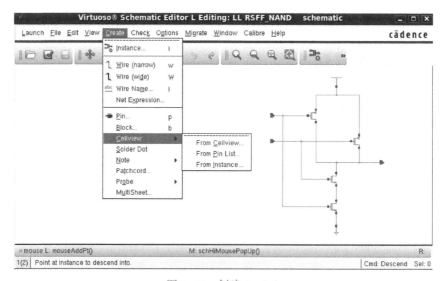

图 4-43 创建 Symbol

2）弹出一个过程操作的"询问"对话框，不要进行改动，直接单击"OK"按钮。

3）弹出的对话框中可以修改符号的引脚，可以调整引脚的上下左右的位置和顺序为："Left Pins"为"A B"，"Right Pins"为"Z"，设置好后单击"OK"按钮，如图4-44所示。

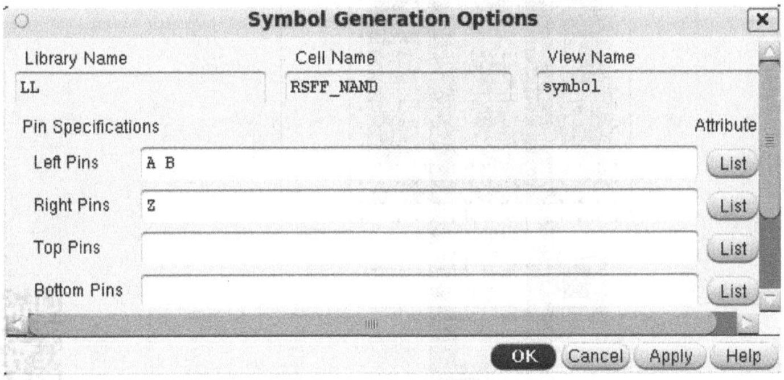

图4-44 设置符号选项

4）弹出与非门的符号初始编辑窗口如图4-45所示。

图4-45 与非门符号初始编辑窗口

5）在弹出的符号窗口中，修改符号的大小和形状。绿色的曲线是形状，可按设计的需要进行任何形状的修改。红色方块是引脚及的名字，不要修改也不要删除，但可以移动。红色的方框是符号的轮廓，可调整适当。绿色和黄色的字体可编辑，也可删除。

6）在这里，把黄色的字删除，修改绿色的字内容为 NAND。选中绿色的字，按属性快捷键〈Q〉，把标签一项修改为 NAND。

7）删除绿色的图形，把这个图形修改为与非门的图标形状。依次选择"Create"→"Shape"→"Line"，使用鼠标左键在合适的位置进行图形绘制，画线时，右击可以改变直线的方向，这样就可以画好一个半方框形。

8）选择"Create"→"Shape"→"Arc"，在合适的位置画一个半圆形。

9）再画一个小圆，选择"Create"→"Shape"→"Circle"。就可以使用鼠标左键在合适位置画一个小圆了。

10）画好后，调整引脚的位置和关联直线、图标，适当调整红色轮廓把输入/输出和图形都包起来。最后，保存，关闭这个窗口。

设计完成的与非门符号如图4-46所示。

再打开 RSFF_NAND 中的版图，修改输入 A、B 的连线和图标位置，修改输出 Z 的连线和图标位置，其他图层不修改，如图4-47所示。保存，关闭这个窗口。

图4-46 与非门符号

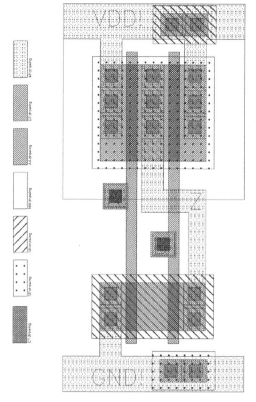

图 4-47　层次化子与非门版图

（2）RS 触发器电路图绘制

1）在库管理窗口上，选中自己的库 LL，新建一个单元，并建一个 Cell 名为 RSFF 的电路图。在电路原理图设计窗口，画 RS 触发器电路图。

2）现在需要插入刚才设计好的与非门的符号，在电路图编辑窗口按快捷键〈i〉，在弹出的窗口单击"Browse"（浏览），弹出"Library"（库）窗口，Library 一栏选择自己的设计库名 LL，"Cell"一栏选择"RSFF_NAND"，"View"选中"symbol"。单击"Close"按钮。找一个合适的位置放置四个与非门的符号。

3）放置输入引脚：R、S、控制时钟 CP；输出引脚：Q、QN。然后连线，鼠标移动时，右击可以改变连线方向，可以进行任意角度处理，单击可以确定。

4）保存，关闭这个窗口。

设计完成的 RS 触发器电路图如图 4-48 所示。

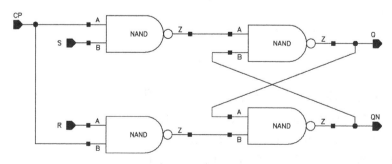

图 4-48　RS 触发器电路图

（3）RS 触发器层次化版图设计

在这个 RSFF 的单元里新建一个版图，弹出版图设计窗口。在版图设计窗口中选择图层 LSW 窗口，设置有效的设计图层。然后设置捕获格点 X 轴、Y 轴均为 0.05。

下面绘制 RS 触发器版图，通过实践操作学习调用已绘制好的与非门版图来完成层次化版图设计，步骤如下。

1）现在需要插入刚才设计好的与非门的版图，在版图编辑窗口按快捷键〈i〉，在弹出的窗口单击"Browse"（浏览），弹出 Library 选择窗口，Library 一栏选择自己的设计库名 LL，Cell 一栏选择 RSFF_NAND，"View"选中"layout"，单击"Close"。

2）放置时，整体版图左下角对齐坐标 0 点。放置四个与非门的 layout，注意每个版图 Cell 的 N 阱区或电源布线刚好重合。

3）显示隐藏的图层，按快捷键〈Shift+F〉。然后，插入金属布线 M1 与 M2 之间通孔 V1 的 Cell，放置在与非门单元版图输入、输出、电源和地的合适位置，注意金属布线 M1 之间的最小间距是 0.45 μm；可适当调整 V1 的位置。

4）然后进行金属布线 M2 连接，M2 的最小线宽是 0.6 μm，注意金属布线 M2 之间的最小间距是 0.5 μm。

5）放置相应的图标 CP、R、S、Q、QN、VDD!、GND!。

6）合并所有重叠的相同图层。完成后，清除标尺，保存。

设计完成的 RS 触发器层次化版图如图 4-49 所示。

图 4-49

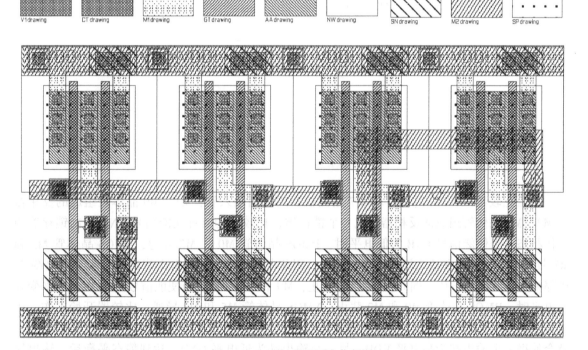

图 4-49 RS 触发器层次化版图

（4）RS 触发器层次化版图验证

1）版图规则验证，直到版图和所有规则都没有冲突和错误就完成了 DRC 验证。

2）版图和电路图对比 LVS 验证。启动 LVS，加载对应验证文件，在"Inputs"的

"Netlist"里选中"Export from schematic viewer",运行 LVS。运行结果中,有一项不匹配,是由于电路原理图导出网表文件时,模型名错误。修改网表文件中所有的 PM 为 P33、NM 为 N33,然后保存。回到"Netlist"中,取消选中"Export from schematic viewer"。

3)再次运行 LVS,直到版图和电路图对比结果中,没有冲突和错误就完成了 LVS 验证。关闭 LVS。

任务 4.7 比较器电路图与版图

4.7.1 比较器电路图

电压比较器的电路如图 4-50 所示,采用动态锁存结构,比较速度快,电路直流功耗低。

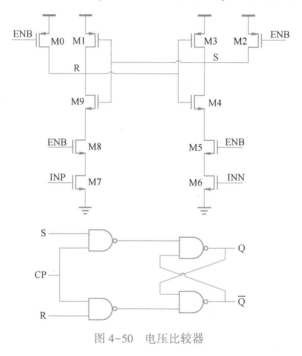

图 4-50 电压比较器

电压比较器工作原理:M6 和 M7 是比较器的判断输入管,M1、M9 晶体管组成的反相器与 M3、M4 晶体管组成的反相器构成一个锁存器,比较器的时钟使能信号 ENB 控制锁存器的工作状态。当使能信号 ENB 为低电平时,PMOS 晶体管 M0 和 M2 导通,NMOS 晶体管 M5 和 M8 截止,这时电源和地之间的通路被截断,因此电源和地之间没有电流流过,两个输出端 S、R 都被充电至电源电压,同时 M1 和 M3 截止,M9 和 M4 导通。当使能信号 ENB 由低电平变到高电平时,PMOS 晶体管 M0 和 M2 截止,NMOS 晶体管 M5 和 M8 导通,比较器开始工作,比较器的输入晶体管 M6 和 M7 的漏极连接到锁存器,锁存器正反馈工作,锁存比较结果。结果就会使得一个输出端为高电平 VDD,另一个输出端为低电平 GND。达到静态平衡后,输出保持不变,直到下一次使能信号为低电平。

锁存器的输出只有半个周期,当使能信号 ENB 为高电平时,比较锁存结果;当使能信号 ENB 为低电平时,输出置位 VDD。因此,用 RS 触发器将比较结果稳定在一个时钟周期内,以便于信号处理,RS 触发器就是由与非门实现的,如图 4-50 所示。

4.7.2   比较器版图

电压比较器电路由逻辑门 RS 触发器和非标准单元 CMOS 晶体管构成, 在版图设计的时候可以进行层次化设计。先设计好比较器输入、锁存器电路和时钟控制版图, 可以按照标准单元版图设计标准设计, 设计的单元版图高度一致, 电源线和地线的宽度也保持一致。再插入已经做好的 RS 触发器版图, 进行层次化设计, 合理布局布线, 完成版图。

任务实践: 比较器版图设计

1. 比较器电路图绘制

步骤如下:

4-13   比较器版图

1) 在 Linux 操作系统里面启动 Cadence 设计系统。启动完成以后, 在启动窗口依次选择 "Tools" → "Library Manager", 弹出 "Library Manager" (库管理) 窗口。

2) 在库管理窗口上, 选中自己的库 LL, 新建一个 Cell, 并建一个 Cell 名为 COMP 的电路图。

3) 在电路原理图设计窗口, 绘制比较器电路图, 所有的比较判断电路的 MOS 晶体管长都是 $0.35\,\mu m$, 宽都是 $2.0\,\mu m$。

4) 放置电源 VDD 和地 GND; 再放置输入 INP、INN、使能控制 ENB。

5) 复制 RS 触发器 RSFF 的电路图到这里, 放置在合适位置。

6) 进行比较器电路连线, 放置线网名时按快捷键〈1〉, 放置线网名 R、S、ENB 在对应连线上; 保存。关闭这个窗口。

设计完成的比较器电路图如图 4-51 所示。

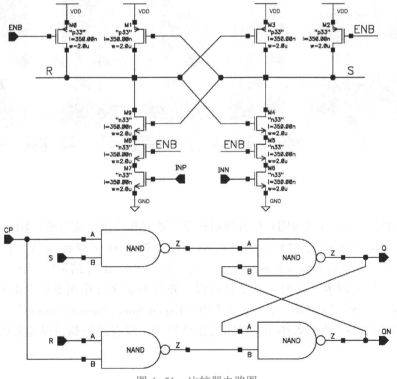

图 4-51   比较器电路图

2. 比较器版图设计

在这个 COMP 的 Cell 里新建一个版图，弹出版图设计窗口。在版图设计窗口中选择图层 LSW 窗口，设置有效的设计图层。然后捕获格点 X 轴、Y 轴均设置为 0.05。

下面开始画比较器版图。步骤如下：

1）用标尺确定比较器版图单元高度为 12.1 μm。复制与非门版图 NAND 到这个比较器版图窗口里，放置时，整体版图左下角对齐标尺 0 点。

2）进行删除、裁剪、增补和延伸等一系列图层的布局和布线处理，最后得到完整的比较器判断电路的参考版图。（说明：绘制版图过程略去。大部分画版图方法和规则前面都学习过了，这里只提醒一下，同一阱区中，相同掺杂的有源区之间的最小间距是 6.0 μm。）

3）复制以前设计好的 RS 触发器 RSFF 的版图，到比较器版图设计窗口。放置时，整体版图左侧刚好和比较器判断电路版图的电源（地）重合，保证 RS 触发器版图上沿、下沿和比较器判断电路版图的电源（地）对齐。

4）插入金属布线 M1 与 M2 之间通孔 V1 的 CELL，放置在比较器判断电路版图 R、S 连线的合适位置，然后把对应的 R、S 用金属布线 M2 连接，注意金属布线 M2 之间的最小间距是 0.5 μm。

图 4-52

5）合并所有重叠的相同图层。完成后，清除标尺，保存。

设计完成的比较器版图如图 4-52 所示。

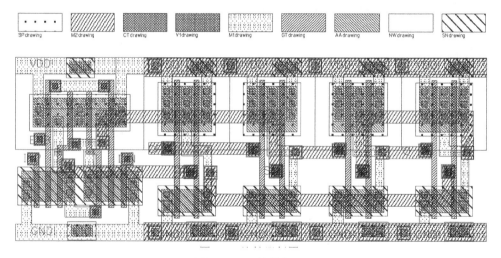

图 4-52　比较器版图

3. 或非门版图验证

1）版图规则验证，直到版图和所有规则都没有冲突和错误，就完成了 DRC 验证。

2）版图和电路图对比 LVS 验证。启动 LVS，加载对应验证文件，在"Inputs"的"Netlist"里选中"Export from schematic viewer"，运行 LVS。运行结果中，有一项不匹配，是由于电路原理图导出网表文件时，模型名错误。修改网表文件中所有的 PM 为 P33、NM 为 N33，然后保存。回到"Netlist"中，取消选中"Export from schematic viewer"。

3）再次运行 LVS，直到版图和电路图对比结果中，没有冲突和错误就完成了 LVS 验证。关闭 LVS。

任务 4.8 SRAM 电路图与版图

静态随机存储器（SRAM）整个电路包括存储单元、行译码器、列译码器、输入/输出接口和读放电路等，其中存储单元是它的核心部分。存储单元可以由多种形式组成，如六管、四管和一管等，其中六管式单元是目前最典型和常用的形式，需要设计出一个既能满足设计规则尺寸又能真实反映工艺容限的六管式静态随机存储器单元。

4.8.1 SRAM 电路图

六管式单元 SRAM 电路如图 4-53 所示。

这个基本的 CMOS 静态随机存储器单元包含四个 NMOS 晶体管和两个 PMOS 晶体管，其中两个 NMOS 晶体管 M1、M2 和 PMOS 晶体管 M0、M3 构成两个交叉耦合的反向器，作为存储单元。另外两个 NMOS 晶体管 M4、M5 构成传输门开关，作为数据存取控制，这样组成一个六管式 SRAM 单元。开关晶体管 M4、M5 的栅极连接字线、源极或漏极连接互补的位线。

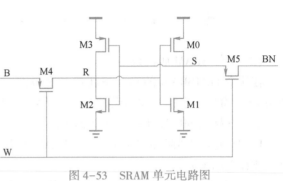

图 4-53 SRAM 单元电路图

4.8.2 SRAM 版图

静态随机存储器单元的版图实现需要考虑单元的速度因素，这主要需要考虑版图中字线造成的寄生 RC 延迟以及由于位线充、放电时的延迟，在满足设计规则时布线应尽量短和细。

版图通常使用共字线式和分离字线式设计。在共用字线式结构中，两个传输晶体管的栅极通过同一根多晶硅条串接在一起；而在分离字线式结构中，两个传输晶体管的栅极为两根相对独立的多晶硅条，且均为直线段，易于工艺实现，只是在后段需使用金属互联层相连在一起。本 SRAM 单元版图设计使用共字线式，多晶硅字线没有弯曲，它和存储 NMOS 晶体管共用一个有源区。

任务实践：SRAM 版图设计

1. 1 位 SRAM 版图绘制设计

（1）1 位 SRAM 电路图绘制

1）在 Linux 操作系统里面启动 Cadence 设计系统。启动完成以后，在启动窗口依次单击选择 "Tools" → "Library Manager"，弹出 "Library Manager"（库管理）窗口。

4-14 SRAM 版图

2）在库管理窗口上，选中自己的库 LL，新建一个 Cell，并建一个 Cell 名为 1BITSRAM 的电路图。

3）在电路原理图设计窗口，画 1 位 SRAM 电路图，所有的 MOS 晶体管长为 0.35 μm，宽为 0.7 μm。

4）放置电源 VDD 和地 GND；再放置位线端口 B、BN、字线端口 W；最后进行电路连线，保存。关闭这个窗口。

设计完成的 1 位 SRAM 电路图如图 4-54 所示。

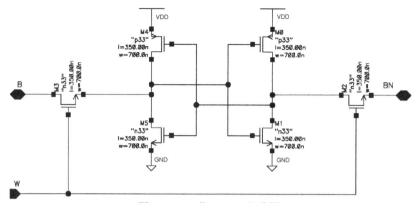

图 4-54　1 位 SRAM 电路图

（2）1 位 SRAM 版图设计

在这个 1BITSRAM 的 Cell 里新建一个版图，弹出版图设计窗口。在版图设计窗口中选择图层 LSW 窗口，设置有效的设计图层。然后设置捕获格点 X 轴、Y 轴均为 0.05。

下面开始画 SRAM 版图。步骤如下。

1）复制反相器版图 INV 到这个 SRAM 版图窗口里，放置时，整体版图左上角对齐标尺 0 点，放在第四象限。

2）进行删除、裁剪、增补和延伸等一系列图层的布局和布线处理，最后得到完整的 SRAM 版图。（说明：绘制版图过程略去，因为绘制版图方法和规则前面都介绍过了，这里只提醒一下，所有图层的间距和包围最好都是设计规则中的最小间距和最小包围。）

3）完成后，清除标尺，保存。

设计完成的 1 位 SRAM 版图如图 4-55 所示。

图 4-55　1 位 SRAM 版图

（3）1 位 SRAM 版图验证

1）版图规则验证，直到版图和所有规则都没有冲突和错误，就完成了 DRC 验证。

2）版图和电路图对比 LVS 验证。启动 LVS，加载对应验证文件，在"Inputs"的"Netlist"里选中"Export from schematic viewer"，运行 LVS。运行结果中，有一项不匹配，是由于电路原理图导出网表文件时，模型名错误。网表文件中所有的 PM 修改为 P33、NM 为 N33，然后保存。回到"Netlist"中，取消选中"Export from schematic viewer"。

3）再次运行 LVS，直到版图和电路图对比结果中，没有冲突和错误就完成了 LVS 验证。

2. 16 位 SRAM 电路图绘制

（1）SRAM 单元版图设计

1）在库管理窗口上，选中自己的库 LL 中的 Cell：1BITSRAM，复制到新的 Cell，名为 1BITSRAM_UNIT。

2）电路原理图不要修改，还使用 1BITSRAM 原图。

3）打开这个 1BITSRAM_UNIT 版图，弹出版图设计窗口。在版图设计窗口中选择图层 LSW 窗口，设置有效的设计图层。然后设置捕获格点 X 轴、Y 轴都为 0.05。

4）开始 1BITSRAM_UNIT 版图。删除 GND！图标及相关连线、P 型衬底连接。

5）放置两个通孔 V1，分别与 NMOS 反相器的源极接触孔重合。

6）重新放置两个 GND！图标在源极关联反相器 NMOS 的源极上，注意 GND！的图层是布线 M2。

7）放置两个通孔 V1 与位线接触孔重合，修改位线图标 B、BN 的图层为布线 M2。

8）删除字线图标 W 及关联栅接触孔。这个单元版图主要为了设计 16 位 SRAM 做准备。

9）合并所有重叠的相同图层。完成后，保存。

设计完成的 SRAM 单元版图如图 4-56 所示。

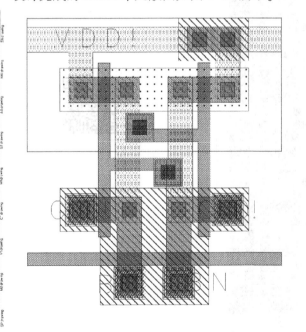

图 4-56

图 4-56 SRAM 单元版图

（2）16 位 SRAM 版图设计

1）4×4 位 SRAM 的版图设计。在库管理窗口上，选中自己的库 LL，新建一个 Cell，并建一个 Cell 名为 4T4BITSRAM 的版图，弹出版图设计窗口。

2）插入刚才设计好的 1 位 SRAM 单元版图（1BITSRAM_UNIT），放置第 1 个单元版图时，整体版图左上角对齐坐标 0 点。

3）用复制的方法放置第 2 个单元版图时，按快捷键〈F3〉，上下镜像后；按快捷键〈Shift+F〉，显示隐藏的图层；放置时，位线 B、BN 关联的通孔一定要与第一个单元版图的位线 B、BN 关联的通孔完全重合。

4）复制这两个单元版图，放置在第 1、2 单元版图的右侧，注意，第 3、4 单元版图"GND！"关联通孔一定要与前面两个单元版图的"GND！"关联通孔完全重合。

5）按照同样方法，在放置 4 个单元版图。复制前面 8 个单元版图，放置时，与前面 8 个单元版图的"VDD！"关联接触孔完全重合。

6）进行布线，用金属布线 M2 把版图左侧这一列的"GND！"关联通孔，都连接起来，布线 M2 线宽刚好与包围通孔的最小包围左右侧对齐。然后依次连接其他"GND！"列。

7）用金属布线 M2 把版图的左侧这一列的位线 B 关联通孔，都连接起来，布线 M2 线宽刚好与包围通孔的最小包围左右侧对齐。然后依次连接其他位线 B 列。

8）用金属布线 M2 把版图的左侧这一列的位线 BN 关联通孔，都连接起来，布线 M2 线宽刚好与包围通孔的最小包围左右侧对齐。然后依次连接其他位线 BN 列。

9）完成后，保存。

设计完成的 16 位 SRAM 版图如图 4-57 所示。

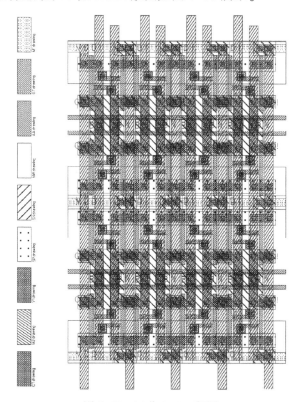

图 4-57

图 4-57　16 位 SRAM 版图

(3) 16 位 SRAM 版图验证

进行版图规则验证，直到版图和所有规则都没有冲突和错误，就完成了 DRC 验证。关闭 DRC。

任务 4.9 标准单元版图设计技术与准则

标准单元库是构建模块的集合，标准单元库具有通用的设计技术和设计准则。

单元库有综合功能单元，同时为布局布线提供这些单元版图。硬件描述语言综合的过程是将逻辑单元限制在单元库中所提供的那些单元中，确保在使用布局布线工具进行设计时单元版图一定存在。

4.9.1 单元版图设计技术

1. 标准单元发展

了解标准单元的发展史有助于单元版图设计，以及隐含于发展中的深层次原因。开发出标准单元库的原因主要有以下几点。

1）对于全定制设计来说，独立模块的规模变得过于庞大和复杂，因此就存在着加快电路和版图设计过程的需要。

2）缺乏具有手工实现复杂全定制模块设计能力的专业人员，而自动化工具缓解了这个问题。

3）典型制造工艺的进步，包括布线金属层从一层金属增加到二层金属或三层以上金属。对最佳结果的实现，这进一步增加了全定制版图设计过程的复杂性。

4）在全定制设计流程中，规模在 20 个单元以上的布局布线会更加容易。而单元接口的标准化在库中就可以实现了。

这些问题的解决方法是通过使用预先定义好的、特征化的单元来简化大规模数字集成电路的电路和版图设计。

在电路综合工具应用之前，一开始只是设计一些预先定义的简单逻辑电路单元，比如反相器、与非门、或非门以及触发器等。这些简单的逻辑电路单元库设计好以后，再在项目中使用。每个设计员都可以采用这些逻辑电路单元作为电路构建模块。

为了使一种特别的逻辑单元可以应用于不同的场合，将库进行了扩展，使其包括了每种逻辑单元在各种尺寸下的电路与版图，以便于使设计更易于一次性构建即可保证正确无误。为了驱动越来越大的负载，对信号进行放大应遵守扇出原则并且要尺寸标准化。例如，如果最小尺寸的反相器定义为 PMOS = 2/NMOS = 1，那么单元库中不同反相器的尺寸都应是这个尺寸的倍数。即 2 倍反相器的尺寸应为 PMOS = 4/NMOS = 2，4 倍反相器的尺寸应为 PMOS = 8/NMOS = 4，依此类推。

当综合流程发展之后，电路设计工程师实际上不会接触真实的版图单元，对标准化的需求也因此越加强烈了。而标准单元版图的设计一直受到自动设计工具限制的影响。

如今，标准单元已经成为专用集成电路（ASIC）设计的基础。一些设计公司的业务就是设计工艺库，以及把工艺库移植到不同的制造工艺中。许多 EDA 厂商也专门为库单元提供电路和物理设计工具。

虽然标准单元主要用于 ASIC 设计，然而这一设计方法同样也广泛应用于实现全定制和半定制设计中。最初，一个电路被分成了若干个小模块，每一个小模块都等效于一些预先定义的功能模块。在每个逻辑模块内，单元的实现来自于一个库单元集合。一般说来，这种库要比商用的 ASIC 库小得多，但使用方法是相同的。

2. 标准单元特性

单元版图的设计目的是与 ASIC 设计兼容。单元应该符合制造工艺的要求和特征。通常，必须依据制造工艺库中可用的布线层数来选择标准单元的设计或结构。在一些特定情况下，单元的设计还取决于所提供的金属层的特性。

下面介绍标准单元库共有的一些特性。

（1）电路设计相关特性

1）每个单元的功能、电学特性都要经过测试、分析和说明。通常会先生产一块测试芯片，然后通过芯片对每个单元的性能进行分析。通过一个完整的特征工艺步骤来生成晶体管特性仿真模型，再通过库特性分析工具使用这些模型建立每个单元的仿真模型。

2）为每种单元类型设计多种扇出驱动强度。而且，不同的驱动强度都是基本尺寸或最小尺寸的倍数。

（2）标准单元基本形状相关特性

1）在标准单元版图设计期间，用预先定义的模板建立单元，以保证满足所有的要求。模板应该包括单元的高度、阱的布局、NMOS 晶体管、PMOS 晶体管和一些要遵守的准则，以此来确保单元能垂直或水平地翻转，而且当其被放在其他单元旁边时不致引起 DRC 等规则错误。

2）所有单元都是矩形的。

3）对于特定的行或芯片区域，所有单元都是等高的，每个单元宽度可变。一个库可能包含很多种标准单元的集合。例如，不同单元可用于逻辑、数据通道和 I/O 接口等。

4）对整个库来说，电源线要有预先定义的宽度和位置。在整个单元长度范围内，电源线的宽度总是一致的。

（3）单元接口相关特性

1）所有输入、输出端口都拥有预先定义的类型、层、位置、尺寸和接口点。这些特性由用于实现设计的布局布线工具来决定。端口是为布线工具布线准备的，应根据布线工具对其进行优化，以获得最好的结果。例如，通过使用定义在栅格上的信号间距可以使布线变得更加简便快捷。

2）单元接口设计可以共享一些连接。例如，电源与晶体管源端连接可以共用。在一定的条件下，单元间可以共用衬底和阱接触孔。

3）没有包含晶体管的单元，称为填充单元。当单元上没有更多的布线资源时，可以将填充单元添加到单元间以允许连接。

一个典型的标准单元库有几百个单元，而高级的库则有几千个以上的单元。有些单元库会针对低功耗、高速和高空隙率而进行专门设计、开发。

4.9.2 单元版图设计准则

1. 单元版图中晶体管设计准则

1）使用预先设定好的单元版图模板来进行 PMOS 晶体管和 NMOS 晶体管的布局，应该预先规划好单元版图的结构，并且模板将单元版图规划封装起来。图 4-58 所示为单元版图布局模板示例。

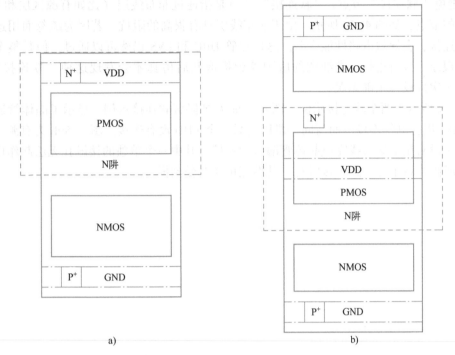

图 4-58　单元版图布局模板示例

a）标准布局　b）公用阱区的布局

2）如果是大尺寸（宽度很大）的晶体管，使用指状叉指结构来实现大的晶体管的版图设计。单元版图模板根据单元高度已经限制了晶体管的最大宽度，而若要设计一个大尺寸的晶体管版图，其宽度超过了此单元高度，这个时候应该将晶体管版图设计成叉指结构，使多个晶体管并联实现大尺寸晶体管的版图。使用指状晶体管的另一个原因是为了优化由晶体管宽度所引起的多晶硅栅电阻。因为多晶硅是由单端驱动的，并且是有电阻的，但如果使用叉指并联结构，是可以减小栅电阻的。

3）共用电源节点以节省面积。由于电源节点分布广泛、易于连接，因此实现共享相当容易。电源共享可以节省相当大的面积，单元电路里晶体管的源极一般有部分与电源相连，可以合并源极，使用同一个有源区同一排接触孔以便于节省面积。

4）确定源极连接和漏极连接所需接触孔的最小数目。在两个接触孔之间尽可能多使用最小设计规则。通常情况下，单元版图库会在单元内使用最小数目的接触孔，但是对于某些高频设计或者模拟部件而言，晶体管需充分的接触，这时接触孔越多越好。

5）尽可能使用 90°角的多边形或矩形。大多数设计都采用这种方式，这是因为若用直角形状，计算机所需存储的数据量最小，版图设计过程也更易于实现。

6）对于有版图面积和性能严格约束的区域，应该限制使用 45°角版图设计，这是因为这种设计的修改和维护相对困难。对于一般的版图单元来说，使用这种 45°角版图设计技术是不值得的。而对于存储器单元和间距受限的版图或者数据通道和大功率电源线，值得使用 45°角的版图设计。

7）对阱和衬底的连接位置进行规划并使其标准化。一般 N 阱与电源（VDD）相连接，而

P 型衬底接地（GND）。

8）避免"软连接"节点。"软连接"节点是指通过非布线层（比如有源区层和 N 阱层）进行连接的节点，如图 4-59 所示。由于非布线层具有很高的阻抗，若因为疏忽而用这些层来进行电气连接，会导致电路性能变差。这样尽管 DRC 和 LVS 仍然可以通过，但是整个电路的性能却会很差。只有进行非常细致的版图参数提取和后仿真才会发现这种"软连接"错误，因此需要一次性设计正确无误。

图 4-59 所示为两个软连接示例。图 4-59a 为 N 阱区软连接示例，显示了晶体管通过金属布线与 VDD 进行电气连接，而与同一阱区内另一个 VDD 没有连接。图 4-59b 为有源区软连接示例，由于没有用金属布线完成晶体管漏区的连接，其中一个单独的接触孔无法起作用，因此在等效的版图中将不存在这个接触孔，其性能可能会受到损害。

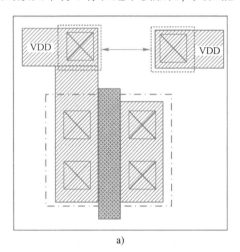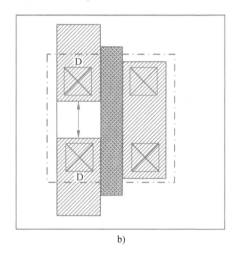

图 4-59　软连接示例

a）N 阱软连接　b）漏极软连接

2. 单元版图设计通用准则

了解了晶体管版图规划与准则，那么对于复杂的逻辑电路进行版图设计，也应该遵循一些通用准则。

（1）电源线版图设计准则

在开始进行任何一个单元版图设计之前，必须先确定电源线。电源线版图设计的一些准则如下：

1）确定电源线线宽。先需要确定电源线是仅仅给单元内部供电，还是需要为其他单元供电而作为芯片电源网格中的一部分，这个可以根据版图规划确定下来。然后利用不同分层的电阻率来确定合适的线宽。

2）使用最底层金属作为晶体管级单元的电源线。因为如果使用高层金属作为电源线，那么就需要通过通孔和局部互连来连接晶体管和电源，这样会占用空间。因此，通常会使用工艺和设计所允许的最底层金属布线 M1 作为电源线。

3）避免在电源线上开槽。电源线上会通过大的电流，线上的任一处开槽都可能使该处的电源线像熔丝一样，在强电流情况下电源线可能会断裂。因此，要以一致的线宽对电源线进行布线，不要在线上开槽。

4）避免在单元版图上方布电源线。除非使用自动布线工具，否则不推荐在单元上方布电源线。

（2）信号线版图设计准则

1）基于工艺参数和电路要求选择布线层。对于每一种工艺，应该根据分层的电阻和电容参数来确定所有的标准布线层，一般 N 阱层、有源层和高阻多晶栅极等分层则不能用于布线。

2）使输入信号线宽度最小化。这样可以降低信号线的输入电容，当信号作为单元的一部分，需被多次使用时，这一点尤其重要，如一个单元内的时钟信号线。

3）谨慎地选择布线宽度。选择信号线的布线宽度必须深思熟虑。按最小线宽的设计规则进行实际布线是很吸引人的。但是，涉及在每条线之间进行连接，线电流或线连接孔有时偏大，这时最小线宽设计往往不可以。

如图 4-60 所示，一些连接点需要通孔或接触孔来进行连接，而通孔或接触孔所需的空间通常比布线层所要求的最小宽度规则大，因而可以加大线宽；有时一些线电流要求偏大，因而也可以加大线宽。

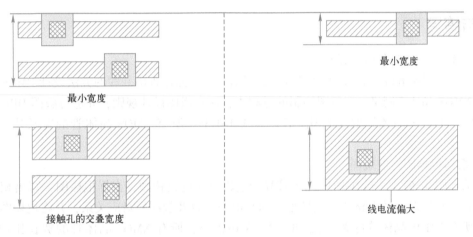

图 4-60 对布线宽度的考虑

使用既能容纳接触孔又能容纳通孔的线宽可能会使设计更加有效，更易于处理和维护。

4）同一版图单元或模块中保持一致的布线方向。通常，对于每个布线分层来说，保持一致的金属布线方向，并且和相邻分层的金属布线方向十字交错布线。如果金属布线 M1 和 M3 水平布线，那么金属布线 M2 和 M4 应该垂直布线。如图 4-61 所示。

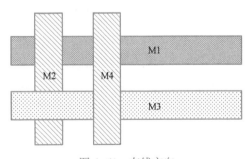

图 4-61 布线方向

5）标注出所有重要信号。这对于版图验证尤其是版图和电路图比对验证 LVS 时，是非常重要的。当节点被标注出来后，错误诊断、短路排查都将变得容易，LVS 运行时间也会缩短。

6）确定每个连接的最小接触孔数。不要认为每个连接上仅使用单个接触孔或通孔就已足够，有时为了增加可靠性会使用多个接触孔。

7）在整个芯片的布线中，全局时钟信号的布线在电源信号之后进行。大部分时序逻辑电路都需要由时钟信号来控制,时钟信号线是芯片上最重要且最普遍的动态信号。时钟信号的走线布局影响电路及芯片的工作性能,因此在版图设计时,时钟信号是仅次于电源线的一类重要的全局信号线。在布好电源线后,布其他信号线前规划好时钟信号是很重要的。要避免在整个设计完成后,插入时钟信号,这样会很困难,并且会导致版图布局的混乱。

（3）层次化版图设计准则

对于层次化的版图设计,确定不同层的层次划分的常用准则如下。

1）可以将多次使用的版图模块设定为单元。

2）将版图设计分成功能模块或区域指定模块。

3）将整体设计划分成允许多个子设计并行设计的模块。

4）如果要求的是对称的版图设计,那么将单个半单元和其镜像组合在一起就可以完成对称的设计。

对于复杂的逻辑版图,首先进行版图规划,充分了解各种单元或晶体管版图设计准则,才能简化版图设计的步骤,提高版图设计效率。

思考与练习

1. 三输入与非门的版图设计。

要求:如图 4-62 所示,元器件参数已经标出,使用晶体管串并联的方法设计 PMOS 晶体管网络和 NMOS 晶体管网络,在版图绘制的过程中,注意版图设计规则,并进行版图 DRC 和 LVS 验证。所有 PMOS 晶体管的宽长比$(W/L) = 3.0/0.35$,所有 NMOS 晶体管的宽长比$(W/L) = 1.5/0.35$。

2. 根据棍棒图绘制版图。

要求:图 4-63 是一个 CMOS 晶体管复合逻辑电路的棍棒图,根据棍棒图,写出相应的逻辑表达式,画出对应的电路图。读懂棍棒图与电路图以及版图的对应关系,并将棍棒图绘制成版图。所有 PMOS 晶体管的宽长比$(W/L) = 3.0/0.35$,所有 NMOS 晶体管的宽长比$(W/L) = 1.5/0.35$。

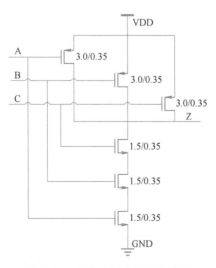

图 4-62　三输入与非门的电路图

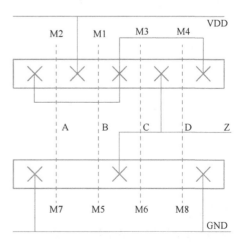

图 4-63　一个复合 CMOS 逻辑门的棍棒图

3. 采用传输门实现二选一数据选择器的版图设计。

要求：图 4-64 由两个 CMOS TG（传输门）组成的二选一数据选择器（MUX2）电路图。写出逻辑真值表，按照传输门版图设计方法设计数据选择器版图。所有 PMOS 晶体管的宽长比（W/L）= 1.6/0.35，所有 NMOS 晶体管的宽长比（W/L）= 1.1/0.35。

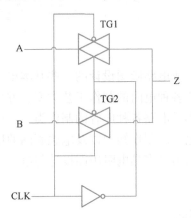

图 4-64　用两个 CMOS TG 实现的二选一数据选择器

4. RS 触发器版图设计。

要求：图 4-65 为或非门构建的 RS 触发器电路图。画出由与或非门符号图构建的电路图，根据电路图设计版图，所有 PMOS 晶体管的宽长比（W/L）= 3.0/0.35，所有 NMOS 晶体管的宽长比（W/L）= 1.5/0.35。

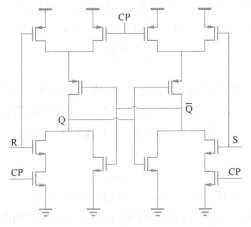

图 4-65　或非门构建的 RS 触发器电路图

5. 在版图设计时如何合理布局电源线和地线？

6. 简述信号线版图设计准则。

7. 参考书中 RS 触发器版图的介绍，设计一个 RS 触发器，使用或非门完成版图设计。

项目 5   电阻、电容与电感版图设计

电阻、电容和电感版图是集成电路版图设计的一些基本单元。通过这些分立器件版图设计的学习，读者可以熟知集成电路各种电阻的制作工艺类型、方块电阻、接触电阻的知识以及各种电阻版图的形状；可以熟知集成电路各种电容的制作类型、计算方法的知识以及各种电容版图的形状；可以熟知集成电路电感的制作知识以及电感版图的形状；可以进一步熟悉版图设计规则和各图层的含义。本项目给出了多晶电阻版图设计与电容版图设计的详细设计过程与实践操作。

任务 5.1 电阻版图设计

5.1.1 方块电阻

电阻值在温度一定的情况下，有公式：

$$R = \rho L / (Wt)$$

式中，ρ 是电阻率；L 为材料的长度；W 为宽；t 为厚度。可以看出，材料的电阻大小正比于材料的长度，而反比于其截面面积。由上式可知电阻率的定义为：

$$\rho = \frac{RWt}{L}$$

在集成电路中，电阻一般由扩散层或淀积层构成，用厚度一定的薄膜层和电阻率形成一个新的单位，称为方块电阻（Resistor Sheet，Rsh）$R_\square$。方块电阻简称方阻，是指长、宽相等的一个方形半导体材料的电阻，理想情况下它等于该材料的电阻率除以厚度。在均匀掺杂中，有：

$$R_\square = \rho / h$$

方块电阻有一个特性，即任意大小的正方形边到边的方阻都是一样的，不管边长是 1 μm 还是 0.1 m，它们的方阻都是一样，这样方阻仅与导电膜的厚度和电阻率有关。由此，集成电阻的公式可表示为：

$$R = R_\square \cdot (L/W)$$

方块电阻的单位通常为欧姆每方块，即 $\Omega/\square$，通常由集成电路的工艺给出，在 PDK 文档中一般都有说明。

电阻的阻值由方块数乘以方块电阻得到，例如：集成电路包含 5 个方块，方块电阻值为 10 Ω/□，则其电阻值为 50 Ω。

5.1.2 接触电阻

一个电阻有两个接触孔，每个接触孔都会增加电阻的阻值。这部分电阻存在于电阻材料与

金属导线之间的接触孔。接触电阻因子 R_C 单位为 $\Omega \cdot \mu m^2$。

接触电阻公式为：

$$R_{\text{contact}} = R_C / W_C$$

W_C 为接触区域的宽度。接触电阻由接触材料和工艺决定，而且变化很大，除非设计规则进行特别说明，一般假定它从零到最大值之间变化。因此，误差容限很大。

那么，不忽略接触电阻的条件下，总的电阻公式为：

$$R_{\text{total}} = R_\square \cdot (L/W) + 2(R_C / W_C)$$

5.1.3　电阻版图常用形状

电阻版图的形状一般有三种，最简单的就是一个矩形电阻，如图 5-1 所示。它两端是接触孔，通过接触孔将接触的导电材料连起来，这样几乎所有的电流都通过一个接触孔，经过这个接触孔内沿流过导体，后经另一个接触孔的内沿流出接触孔。因此，电阻的长度为这两个接触孔的内沿的距离。

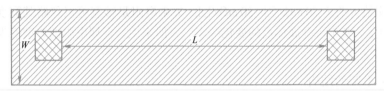

图 5-1　矩形电阻版图

第二种版图形状一般适合于大电阻，通常被制成折叠状，如图 5-2 所示，一般采用矩形拐角，这样容易绘制，电阻拐角以及其间距也容易调整。其一般不制成圆形或其他特殊形状，因为不宜调整。

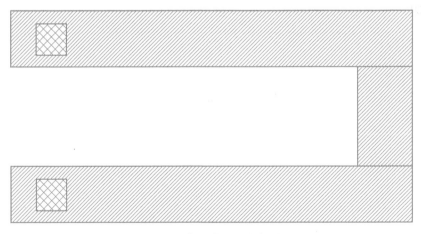

图 5-2　折叠状电阻的版图

另外的一种版图形状主要适用于当电阻体部分宽度很小，版图绘制时，接触孔无法放入电阻内部的情况。这时通常加大电阻的两端，在设计规则要求下，可使接触孔刚好放入电阻两端，形状如图 5-3 所示，被称为哑铃状（或狗骨状）电阻。电阻的计算长度为两个接触孔之间的距离，宽度为电阻体的宽度。

图 5-3　哑铃状电阻的版图

5.1.4　电阻版图类型

在集成电路工艺中，电阻可以通过很多种方式来实现。电阻主体也可以通过不同的层来实现。通常按照不同的制作方式电阻分为金属电阻、多晶硅电阻、P 型源漏注入/N 型源漏注入电阻、阱电阻，不同的电阻性能相差较大。

1. 金属电阻

虽然金属的方块电阻很小，但也不能忽略，深亚微米 CMOS 工艺规定一般金属厚度小于 10 kÅ，方块电阻值大约为 20 mΩ/□~30 mΩ/□。如果电阻足够宽可以忽略其宽度偏差，则金属的方块电阻值的变化基本由金属厚度的变化决定。一般来说，金属电阻的典型值为 50 mΩ~5 Ω。

2. 多晶硅电阻

（1）多晶硅电阻的结构

多晶硅电阻率取决于掺杂，重掺杂的多晶硅作为 MOS 晶体管栅极可以改善电阻的导电性能，其方块电阻一般为 25 Ω/□~50 Ω/□。轻掺杂多晶硅电阻的方块电阻约为几百到几千欧姆/□。本征掺杂或者轻掺杂的多晶硅采用 N 型注入和 P 型注入的掺杂方式来改变方块电阻。

多晶硅电阻结构如图 5-4 所示，图 5-4a 是以多晶硅做电阻时的版图，图 5-4b 是由轻掺杂的 N 型多晶硅构成的高阻多晶硅电阻。多晶硅电阻在端头处多加了 N 型注入，是为了降低端头接触电阻。

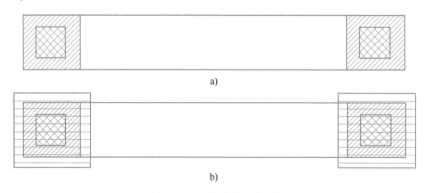

图 5-4　多晶硅电阻版图

多晶硅电阻要做在场氧上，这样可以减小电阻与衬底间的寄生电容。由于电路设计的需要，还经常通过不同的工艺掺杂手段来制作不同电阻值的多晶硅电阻。例如，用扩散掺杂法制作的这类电阻精度就不高，它要求高阻值的同时可放松对精度的要求。而用离子注入法掺杂工艺时，电阻的精度较高。

如果在进行注入时把多晶硅电阻挡住，那么它的电阻值将增加 2~3 倍。如图 5-5 所示，在注入时加一个 HR 的掩模板，电阻体的部分被挡住，只有电阻两端头的地方留出，以便掺杂注入来减少欧姆接触电阻。多晶硅作为高阻时需要注意，当其方块电阻值越大时，精度就越差，温度系数也越大。

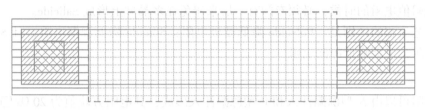

图 5-5 加高阻区域的多晶电阻

（2）多晶硅电阻的制作工艺

在制作多晶电阻时，和现代工艺直接相关。

首先，了解以下三种工艺 Silicide、Policide、Salicide。这三种工艺都是利用硅化物来降低多晶硅电阻值的。其中，Silicide 是金属硅化物，是由金属和硅经过物理-化学反应形成的一种化合态，其导电特性介于金属和硅之间，而 Policide 和 Salicide 则是分别对应着不同的形成 Silicide 的工艺流程，下面对这两个流程的区别进行简要介绍。

（1）Policide 工艺

其一般制造过程是，栅氧化层完成以后，继续在其上面生长多晶硅，然后在多晶硅上继续生长金属硅化物 Silicide，然后再进行栅极刻蚀和有源区注入等其他工序，完成整个芯片制造。

对于 Policide 工艺来说，多晶硅电阻一般会有很多种：掺杂硅化的多晶硅电阻、掺杂非硅化的多晶硅电阻、非掺杂非硅化的多晶硅电阻。

1）掺杂硅化的多晶硅电阻。多晶硅本身的方块电阻值是比较大的，为了降低方块电阻值，一般对多晶硅注入 N 型源漏注入或者 P 型源漏注入杂质离子。同时为了进一步减少多晶硅的电阻，Policide 工艺在作为栅极的多晶硅层上沉积导电的硅化物。这样，如果用栅极的多晶硅层来做电阻，不采用特殊处理，电阻是掺杂硅化的多晶硅电阻。硅化后的多晶硅电阻的方块电阻值非常低，一般为 3~5 Ω。

2）掺杂非硅化的多晶硅电阻。对于电阻来说，硅化物不仅降低了方块电阻值，而且由于硅化物工艺参数会引入偏差，所以方块电阻随工艺相对波动范围大。同时在同一晶圆上，由于硅化物的存在，它的电阻的匹配性能也不如非硅化的多晶硅电阻。为了制作更精确的电阻，Policide 工艺提供"硅化物阻挡层"，即在作为电阻多晶硅上覆盖一层硅化物阻挡层，防止多晶硅被硅化。这样的电阻为掺杂非硅化多晶硅电阻，方块电阻值一般为几十到一百多欧姆。

3）非掺杂非硅化的多晶硅电阻。为了在多晶硅上制作高阻，有些工艺提供阻止多晶硅被硅化的同时也防止对多晶硅进行离子注入，这样的多晶硅电阻方块电阻值比 N 阱方块电阻值还要大，同时具备比较好的性能。这种电阻的方块电阻极高，一般为 1~2 kΩ，寄生电容、温度系数和线性度等都和非硅化的多晶硅电阻相当。

（2）Salicide 工艺

其制造过程是先完成栅刻蚀及源漏注入以后，以溅射的方式在多晶硅上淀积一层金属层，然后进行第一次快速升温退火处理，使多晶硅表面和淀积的金属发生反应，形成金属硅化物。根据退火温度设定，使得其他绝缘层上的淀积金属不能跟绝缘层反应产生不希望出现的硅化物，因此这种过程是一种自对准的工艺过程。然后再用湿法刻蚀清除不需要的金属淀积层，留下栅极及其他需要做硅化物的 Salicide。另外，还可以经过多次退火形成更低阻值的硅化物连接。跟 Policide 不同的是，Salicide 可以同时形成源/漏有源区接触的硅化物，降低其接触孔的欧姆接触电阻，在深亚微米器件中，减少由于尺寸降低带来的相对接触电阻的提升。另外，在制作多晶高阻值电阻的时候，必须专门有一层来避免在多晶硅上形成 Salicide。

两种工艺流程的区别是：Polycide 降低栅极电阻；Silicide 降低源漏电阻，且 Salicide 既能降低栅极电阻，又能降低源漏电阻。

3. 扩散电阻

扩散电阻可以由 N 型源漏注入和 P 型源漏注入形成，其电阻方块值为 $20\,\Omega/\square \sim 50\,\Omega$。在 CMOS 工艺下，N 型源漏注入电阻是做在 P 型衬底上，P 型源漏注入电阻是在 N 阱里。扩散电阻并不常用，大部分 CMOS 工艺多采用多晶硅电阻。扩散电阻多用于 ESD。

4. 阱电阻

用阱来作为电阻体，在 N 阱 CMOS 工艺下阱电阻一般采用 N 阱层来实现，N 阱电阻的方块电阻比较大，通常为几百欧姆到几千欧姆，属于高阻。其不仅受工艺的影响，而且方块电阻也受电阻宽度的影响。

5. 电阻的精度

（1）电阻的绝对误差和匹配误差

由于工艺误差的存在，电阻在制作出来以后会和设计值存在误差。设计电路时根据分析问题的角度不同，一般元件的误差可以分为两类，绝对误差是元件的设计值和实际值间的绝对偏差；匹配误差是版图设计相同的元件的制作实际值间的偏差。一般情况下元件的绝对误差会远远大于元件的匹配误差。对于所有类型的电阻，它们的绝对误差是比较大的，一般在 10% ~ 30%，对于硅化的多晶、扩散电阻其误差在 70% 以上。正因为电阻绝对工艺误差大，所以一般电阻都是应用到对绝对误差要求很低的电路中，这样在分析的时候主要考虑的是电阻间的匹配误差。

（2）电阻匹配误差和失配的原因

引起电阻实际值和设计值间偏差的因素有很多，主要是工艺上造成失配。失配的原因有同一晶圆内，由于光刻、腐蚀引起的电阻几何图形边缘的失配；同一晶圆内，由于浓度梯度引起的薄层电阻的失配；非工艺误差因素，由于电阻本身的非线性所引起的失配等。元件匹配是指同一芯片内部的匹配，通过匹配设计可以减弱由于失配造成的影响。

（3）电阻匹配性设计

不同类型、不同尺寸、不同大小、不同版图设计的电阻，所能达到的匹配精度是不一样，考虑到电阻匹配，一般要选用线性高的电阻，另一方面要选用减小电压非线性的电路。一般认为非硅化多晶硅电阻比扩散电阻和阱电阻匹配性能好。所以高精度电阻如果条件允许，都是采用非硅化的多晶硅来做，如果有非硅化非离子注入的高阻多晶硅，匹配精度会更好。

任务实践：电阻版图设计

1. 多晶硅电阻版图

（1）多晶硅电阻电路图绘制

1）在 Linux 操作系统里面启动 Cadence 设计系统。启动完成以后，在启动窗口依次选择"Tools" → "Library Manager"，弹出

5-1 电阻版图

"Library Manager"（库管理）窗口。

2）在库管理窗口上，选中自己的库 LL，新建一个 Cell，并新建一个 Cell 名为 RPP2 的电路图。

3）在电路原理图设计窗口，画 1 个电阻，阻值为 460 Ω；再放置端口 RNET1、RNET2；最后进行电路连线，保存。关闭这个窗口。

画好的多晶硅电阻电路图如图 5-6 所示。

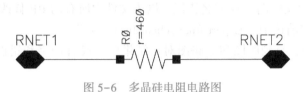

图 5-6　多晶硅电阻电路图

（2）多晶硅电阻版图设计

然后在这个 RPP2 的 Cell 里新建一个版图，弹出版图设计窗口。

在版图设计窗口中选择图层 LSW 窗口，设置有效的设计图层，在以前常用图层 AA、NW、SP、SN、GT、CT、M1、M2、V1 的基础上，增加 P2、HRP、RESP1、HRPDMY、M3、M4、PA、V2、V3、EXCLU 这些图层，这是后续版图设计要用的，然后单击 OK。

在 LSW 窗口选择"Edit"→"Save"，在弹出的对话框中选择"Save To File"，名字填写 LLdisplay. drf，默认当前路径。然后单击"OK"按钮确定。

设置捕获格点 X 轴、Y 轴都为 0.05。

版图设计图层设置好以后，下面开始画多晶硅电阻版图。步骤如下。

1）在画电阻版图之前，先新建一个 Cell，并建一个 Cell 名为 M1_P2（表示：接触孔的顶层是金属布线 M1，底层是多晶硅栅 P2）的版图，弹出版图设计窗口。

2）复制标准单元版图 M1_GT 到这个版图窗口里，中心对准标尺 0 点，修改图层 GT 为 P2，保存。

3）在 RPP2 的 Cell 里画多晶硅电阻 RPP2 版图，方块电阻值为 46 Ω。先画矩形图层 RESP1、P2，重叠部分长为 20 μm、宽为 2 μm；RESP1 图层延伸出 P2 图层 0.2 μm；P2 图层延伸出 RESP1 图层 1.3 μm。

4）在 P2 图层两内侧插入接触孔单元版图 M1_P2，各放置两个，接触孔单元版图被 P2 左右包围尺寸是 0.25 μm，上下包围尺寸是 0.2 μm，注意接触孔间距是 0.4 μm。

5）画金属布线 M1，把左右两边的 P2 接触孔都连接起来，再分别放置图标 RNET1、RNET2 在对应金属布线上。

6）完成后，清除标尺，保存。

画好的多晶硅电阻版图如图 5-7 所示。

图 5-7　多晶硅电阻版图

（3）多晶硅电阻版图验证

1）版图规则验证。DRC 验证中有错误，是由于 P2 图层被认为是 PIP 电容的组成而引起的错误，可以忽略。在版图中添加图层 EXCLU，包围版图轮廓。保存。再次运行 DRC，没有冲突和错误。

2）版图和电路图对比 LVS 验证。启动 LVS，加载对应验证文件，在"Inputs"的"Netlist"选中"Export from schematic viewer"，运行 LVS。运行结果中，有一项不匹配，是由于电路原理图导出网表文件时，模型名错误。网表文件中所有的 RP 修改为 RPP2，然后保存。回到"Netlist"中，取消选中"Export from schematic viewer"。

3）再次运行 LVS，直到版图和电路图对比结果中，没有冲突和错误就完成了 LVS 验证。关闭 LVS。

2. 高阻电阻版图

（1）高阻电阻电路图绘制

1）在库管理窗口上，选中自己的库 LL，新建一个 Cell，并建一个 Cell 名为 RPHRP 的电路图。

2）在电路原理图设计窗口，画 1 个电阻，阻值为 30 kΩ；再放置端口 RNET1、RNET2；最后进行电路连线，保存。关闭这个窗口。

画好的高阻电阻电路图如图 5-8 所示。

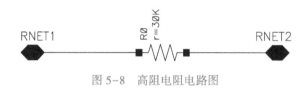

图 5-8　高阻电阻电路图

然后在 RPHRP 的单元里新建一个版图，下面开始画高阻电阻 RPHRP 版图，方块电阻值为 3000 Ω。

（2）高阻电阻版图绘制

1）复制多晶硅电阻 RPP2 的版图到高阻版图里。

2）修改图层 RESP1 为图层 HRPDMY，P2 两边接触孔做 SP 掺杂，可以降低接触电阻。SP 包围 P2 的最小包围尺寸是 0.2 μm。

3）画高阻掺杂层 HRP，包围 SP 的最小包围尺寸是 0.2 μm。

4）完成后，清除标尺，保存。

画好的高阻电阻版图如图 5-9 所示。

图 5-9

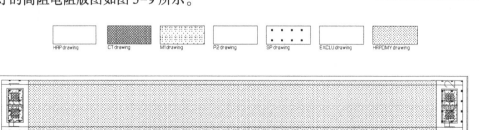

图 5-9　高阻电阻版图

（3）高阻电阻版图验证

1）DRC 验证。这里省略。

2）版图和电路图对比 LVS 验证。启动 LVS，加载对应验证文件，在"Inputs"的"Netlist"里选中"Export from schematic viewer"，运行 LVS。运行结果中，有一项不匹配，是由于电路原理图导出网表文件时，模型名错误。修改网表文件中所有的 RP 为 RPHRP，然后保存。回到"Netlist"中，取消选中"Export from schematic viewer"。

3）再次运行 LVS，直到版图和电路图对比结果中，没有冲突和错误就完成了 LVS 验证。关闭 LVS。

任务 5.2　电容版图设计

集成电路中电容一般都使用平板电容器，它是由电容的两个极板和一层绝缘电介质材料构成，极板位于电介质的两面。

5.2.1　电容版图计算

电容器的电容量的大小和电容器的面积有关，还与单位面积电容即两个极板之间的氧化层的厚度有关，其计算公式为：

$$C = A_d \cdot C_a$$

式中，C_a 为单位面积电容，称为电容密度，单位为 $fF/\mu m^2$，一般工艺厂会给出；A_d 为电容上、下极板正对的面积。

假定集成电路电容面积为 $80\,\mu m^2$，单位面积电容为 $1.25\,fF/\mu m^2$。那么，其电容值为多少？其计算式为：

$$C = A_d \cdot C_a = 1.25 \times 80 = 100\ (fF)$$

5.2.2　电容版图的类型

CMOS 工艺中常用的有 MOS 电容、多晶硅-多晶硅（PIP）电容、金属-绝缘体-金属（MIM）电容，MOM 电容下面分别介绍其结构和特性。

1. MOS 电容

MOS 晶体管可用作电容，也称为感应沟道的单层多晶硅 MOS 电容，此电容结构如图 5-10 所示，它是以栅氧化层作为介质，多晶硅为上极板，衬底为下极板。当 NMOS 晶体管的栅极偏压相对于背栅为正值并且超过阈值电压，使 NMOS 晶体管进入强反型状态。对于 PMOS 晶体管，也使它进入强反型状态。工作在反型区的 MOS 电容要求源、漏极相连，一旦出现强反型，导电沟道就会使源漏极短接。此时，沟道就是 MOS 电容的下极板，多晶硅构成电容的上极板，MOS 电容的版图与常规 MOS 晶体管的版图一样。其电容值就是栅氧电容。

2. 多晶硅-多晶硅电容

多晶硅-绝缘体-多晶硅（Poly-Isolator-Poly，PIP）电容需要两次多晶硅工艺，比单层多晶硅要多几道工序。Polycide 工艺除了大面积掺杂的多晶硅栅之外，还增加了第二层用于制作多晶高阻。多晶硅栅作为 PIP 电容的下极板，而高阻的多晶层作为上极板，如图 5-11 所示。PIP 电容的上下极板不能互换。PIP 不可避免地存在寄生电容，如电容上极板与上层的互连线，下极板与衬底。而这些寄生电容通常与电容自身的大小，版图形状，工艺参数有关。可以通过版图设计，工艺控制尽可能减小。通常上极板的寄生电容小于下极板。

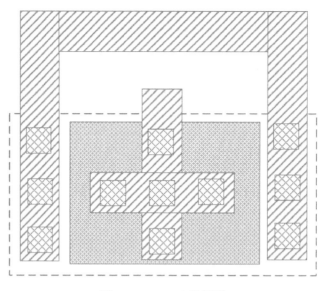

图 5-10   MOS 电容版图

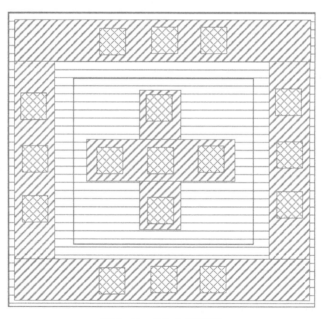

图 5-11   PIP 电容版图

3. 金属-绝缘体-金属电容

金属-绝缘体-金属（Metal-Isolator-Metal，MIM）电容是指两层金属电极和中间的介质膜组成的电容。它一般远离衬底，以减少寄生效应。通常采用顶层金属和其下面一层作为 MIM 电容。MIM 电容版图如图 5-12 所示。MIM 电容在集成电路中较为普遍，用于匹配、滤波和隔直流等。

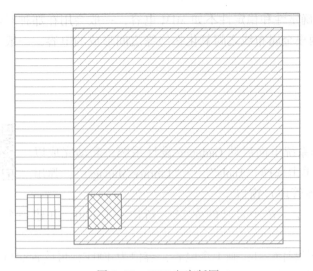

图 5-12　MIM 电容版图

4. MOM 电容

金属-氧化物-金属（Metal-Oxide-Metal，MOM）电容一般指插指（finger）电容，利用同一层金属布线边沿之间的电容并联多个。为了省面积，相邻层金属布线可以叠加。一般只在多层金属的先进工艺上使用，因为是通过多层布线的版图来实现的，匹配最好。MOM 电容设计自由度比较高，不需要额外光刻，只需要金属布线这一层。由于是同一层金属布线，因此电容极板处于同一平面，极板接法可以互换。MOM 电容版图如图 5-13 所示。

图 5-13　MOM 电容版图

5. 多晶硅-多晶硅电容与金属-金属电容比较

下面对多晶硅-多晶硅电容与金属-金属电容进行比较：

1）电容电极不同，PIP 电容使用两层多晶硅，而 MIM 电容使用两层金属层。

2）在工艺中，一般 PIP 电容常用在 $0.35\,\mu m$ 及以上工艺，而 MIM 电容常用在 $0.25\,\mu m$ 及以下深亚微米工艺。

3）MOM 电容值确定性和稳定性不如 MIM 电容，一般会用在那种对电容值要求不高的应用。MOM 电容同层两根金属布线之间氧化物绝缘之间形成的电容，一般工艺都可以实现这种电容。

任务实践：电容版图设计

1. 电容电路图

1）在 Linux 操作系统里面启动 Cadence 设计系统。启动完成以后，在启动窗口依次单击选择"Tools"→"Library Manager"，弹出"Library Manager"（库管理）窗口。

2）在库管理窗口上，选中自己的库 LL，新建一个 Cell，并建一个 Cell 名为 CPIP 的电路图。

3）在电路原理图设计窗口，画 1 个电容，容值为 400 F；再放置端口 CNET1、CNET2；最后进行电路连线，保存。关闭这个窗口。

画好的电容电路图如图 5-14 所示。

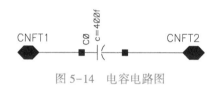

图 5-14　电容电路图

2. 电容版图

在 CPIP 的 Cell 里新建一个版图，弹出版图设计窗口。然后在 LSW 窗口单击"Edit"按钮后，选择 Load。弹出窗口选择 File，名字填写 LLdisplay. drf（说明：前面已经做了图层选择显示 display 的相关处理，这里只需下载以前设定好的图层即可），然后单击"OK"按钮。再设置捕获格点 X 轴、Y 轴都为 0.05。

下面开始画多晶硅电容版图。步骤如下：

1）先画一个 20 μm×20 μm 的多晶硅 P2，中心在坐标 0 点。

2）插入 P2 接触孔 M1_P2，中心在坐标零点。按照 P2 接触孔最小距离 0.4 μm，依次上下左右各放置若干个，再画金属布线 M1 包围所有的关联 P2 接触孔。

3）插入通孔 V1，放置在相关金属布线 M1 上，上下左右各放置若干个；画金属布线 M2 包围所有关联的 V1 通孔，调整一下 M1 的包围尺寸。

4）画 GT 接触孔，依次放置在 P2 图形的边缘外（GT 接触孔距离 P2 图层的最小距离是 0.6 μm）。在 P2 的外围画一圈 GT 接触孔。

5）画多晶硅 GT，包围整个 P2 以及 GT 接触孔，注意最小包围尺寸。

6）画金属布线 M1 包围关联 GT 接触孔单元一圈。

7）放置图标 CNET1 在底层多晶硅 GT 关联金属布线 M1 上；放置图标 CNET2 在顶层多晶硅 P2 关联金属布线 M2 上。

8）完成后，清除标尺，保存。

画好的电容版图如图 5-15 所示。

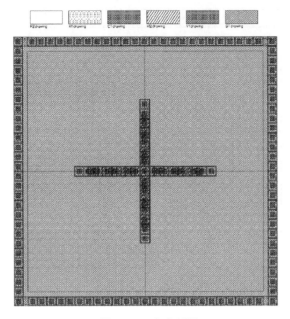

图 5-15　电容版图

3. 电容版图验证

1）版图规则验证。直到版图和所有规则都没有冲突和错误，就完成了 DRC 验证。关闭 DRC 验证窗口。

2）版图和电路图对比 LVS 验证。启动 LVS，加载对应验证文件，在"Inputs"的"Netlist"里选中"Export from schematic viewer"，运行 LVS。运行结果中，有一项不匹配，是由于电路原理图导出网表文件时，模型名错误。网表文件中所有的 CP 修改为 CPIP，然后保存。回到"Netlist"中，取消选中"Export from schematic viewer"。

3）再次运行 LVS，直到版图和电路图对比结果中，没有冲突和错误就完成了 LVS 验证。关闭 LVS。

任务 5.3　电感版图设计

　　CMOS 工艺中，目前使用最为广泛的一种集成电感是片上螺旋电感，在芯片上以平面电感实现。平面电感分别为圆形、八边形和方形等结构，由于受到工艺设计规则限制，拐角的角度不能任意设计，因此，圆形平面电感很难绘制，所以正方形结构目前应用比较广泛。另外多边形结构则是圆形电感与正方形电感的折中方案，其中以八边形结构居多。片上螺旋电感的电感值主要由圈数、金属线宽度、金属线间距和内外直径等横向尺寸参数确定，而其寄生电容和电阻是由横向尺寸参数和纵向尺寸参数共同确定的。一般选用最高金属层来做电感，可以降低电感与衬底之间的氧化层电容，并且在深亚微米 CMOS 工艺中，最上层金属总是最厚的。电感内圈的抽头通过下一层金属线和通孔连接。电感版图如图 5-16 所示，集成电感常用于射频 IC 中。

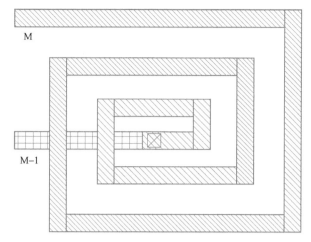

图 5-16　电感版图

思考与练习

在集成电路中，一段导电材料，其长为 $10\,\mu m$，宽为 $0.5\,\mu m$，方块阻值为 $80\,\Omega/\square$。请问，其电阻值为多少？

项目 6 　模拟集成电路版图设计

模拟集成电路版图设计需注意金属布线电流计算、支路电流的分配、如何减弱耦合效应、减小寄生电阻和电容的措施、避免天线效应的发生、闩锁效应的解决方法、保护环的设计、噪声问题和版图布局布线等。这些版图设计技术需要熟知，同时本项目介绍了制作 Pcell 的重要性，给出了保护环版图设计与 Pcell 版图设计的详细设计过程与实践操作。

任务 6.1 　模拟集成电路版图设计技术

6.1.1 　电流密度

电路中各支路需要多大的电流，大电流路径和小电流路径都是哪些？需要在设计版图前设定好。如果是很小的 μA 级电流，一般金属布线可以满足；如果是 mA 级的大电流，那么这时需要知道金属布线上的电流密度，即允许通过的最大电流。

线电流计算，一条金属布线所能承受的电流等于金属线的线截面积乘以线电流密度。

其中电流密度公式为：

$$J = I/S$$

式中，J 是电流密度；I 是电流；S 是布线的截面面积，$S =$ 布线宽（W）×布线厚（H），在芯片中，单位是 mA/μm^2。这个参数可以在 PDK 文件中查到，在 SMIC 0.35 μm 工艺中，该值约为 1.0 mA/μm^2，0.35 μm 以下工艺典型 CMOS 工艺电流密度约为 0.5 mA/μm^2 或更小，可以详查相关说明文件。线电流计算公式为：

$$I = S \cdot J = W \cdot H \cdot J$$

电路中可能有多条路径，每一条都有自己的电流要求，即每条路径都有自己的最小金属线宽要求。假定 MOS 晶体管源漏要流过 1 mA 的电流，设计上留些冗余，则需要 2 μm 的金属布线来进行连接。设计版图时，可以把 2μm 的金属布线均匀对称分散开，如果 MOS 晶体管并联 9 个，那么每个布线支路流过 0.2 mA 电流，每个金属布线宽度为 0.4 μm。不仅需要关注流入和流出器件的电流的大小，而且也必须注意器件内部金属线上的电流密度和电流方向。电流从正上方流入，从正下方流出，布线放到顶上的益处是电子可以分散开，有效地降低了电阻。图 6-1 为一个 MOS 器件并联分配支路电流。

6.1.2 　耦合效应

耦合效应主要分为两方面：衬底耦合和信号线之间耦合。

（1）衬底耦合

衬底耦合是指衬底噪声通过衬底阱区接触或衬底寄生电阻电容耦合到电路中的所有元器件。由于衬底耦合的作用区域较大，因而衬底耦合对芯片性的影响程度也较严重。

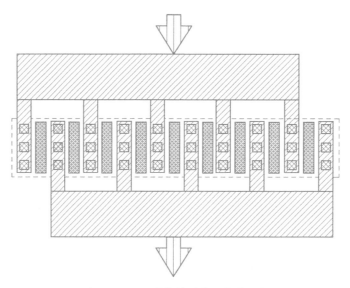

图 6-1　MOS 器件并联分配支路电流

减弱衬底耦合的方法主要有以下几种。

1）对模拟电路应采用差分形式的输入，可以降低衬底耦合噪声对共模信号的影响。

2）对数字电路应采用互补形式的输入，可以降低衬底耦合噪声对信号线的影响。

3）电路应先上电使衬底电位稳定后再接入输入信号，防止衬底电位跳变对输入信号的影响。

4）增大衬底连接，减弱寄生的电容和电阻。

5）对关键元器件可使用保护环或隔离环，以消除或降低衬底对元器件的耦合作用。

6）将敏感元器件置于电路的中心，降低衬底耦合噪声对元器件的影响。

（2）信号线之间耦合

信号线之间耦合是指信号线之间通过寄生电容产生耦合干扰。信号线之间耦合产生的实质是信号线之间存在的寄生电容，如果消除了寄生电容，就可以从根本上消除信号线间耦合。

信号线之间的电容分为两类：交叠电容和平行电容。

1）对于交叠电容，可以采用减小信号线交叠面积的方法减小交叠电容。

2）对于平行电容，可采用增大平行线距离，减小平行长度的方法减小平行电容。

此外，如果信号线上的信号能够同步变化，可以在很大程度上减小信号线间的串扰影响。

6.1.3　寄生效应

在芯片中，所有器件包括金属连线在内都会由于接触或层叠等原因在器件周围产生寄生电阻和电容，并影响电路的实际性能。这些寄生的电阻和电容通常由器件的几何尺寸决定，因此降低线宽可以明显降低寄生影响。比如 MOS 晶体管器件，降低沟道长度可以减小寄生电阻和电容，但同时也会带来短沟道效应。因此，对于寄生影响应从全局出发考虑。

1. 寄生电容

金属布线之间（同布线层或不同布线层）、金属布线与衬底之间都存在平面电容；上层布线到下层布线、下层布线到衬底之间存在边缘电容。减少寄生电容的方法有以下几种。

1）布线尽可能短。这样就减少了布线与衬底间或布线与其他导电材料之间的重叠，寄生电容自然减小。

2）选择金属层。起主要作用的电容通常是布线与衬底间的电容。为了防止衬底耦合噪声，要使所有的噪声器件及布线都远离衬底。减小寄生电容还可以通过改变金属层来获得较小的衬底电容，通常最高金属层所形成的电容总是最小的。另外值得注意的是并不是所有工艺的最高层金属与衬底产生的寄生电容都最小，它还与金属层的宽度等其他因素有关。

3）布线避开电路单元。一个电路单元，它的一条布线在另一个电路单元的上面，那么在这条布线和它的下面电路单元的每一个部分都会形成寄生电容。在数字电路里，在某些逻辑电路单元的上面布金属线，这是在数字自动布局布线中经常会遇到的情况。因此，各层金属相互交叠，所以在反相器、触发器等都存在寄生电容。如果在数字电路中有一些布线对噪声敏感，那么可能造成数字逻辑混乱。因此要予以干涉，避开在逻辑元器件上面布线。在模拟电路版图设计中，通常将敏感信号隔离开，尽量避免在敏感电路单元上面布线，而只是将金属布线在电路单元之间，这样寄生的参数就会减小一些且相对容易控制。

2. 寄生电阻

每一条布线都存在寄生电阻，那么由寄生电阻承载的电流和电压有多大呢？如果有一条信号布线方式是从一个电路单元到另一个电路单元，它需要承载 1 mA 的电流。查工艺手册可知每 μm 可以走 0.5 mA 的电流，且其金属层的宽度至少要 2 μm。

现在计算一下这段布线的电阻，如果这条布线从一端到另一端的长度是 2 mm，宽度是 2 μm，导线的方块电阻为 50 $m\Omega$。

那么这段布线的电阻为：

$$R = R_\square \left(\frac{L}{W} \right) = 0.05\ \Omega \times (2\ mm/2\ \mu m) = 50\ \Omega$$

这段布线的压降为：

$$V = IR = 50\ \Omega \times 1\ mA = 50\ mV$$

得知这段布线电阻电压降为 50 mV。它对于一个电压非常敏感的电路就会有很大的影响。如果这条导线的压降不能超过 10 mV，显然这个布线设计是有问题的。因此需要增加布线宽度来满足这一设计要求。从新计算后，布线宽度增大 5 倍，用 10 μm 的线宽来布线比较合适。

为了降低寄生电阻，需要使用最厚的金属布线层。一般情况下，越厚的金属布线层具有越小的方块电阻。如果遇到相同的金属布线层厚度，可以用几层相邻金属布线重叠形成并联结构，这样可以减小寄生电阻，如图 6-2 所示。因此，并联相邻金属布线是减小寄生电阻的有效方法。

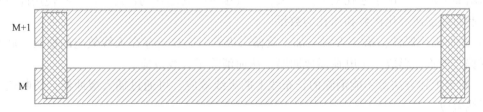

图 6-2　两层金属布线并联降低电阻

3．MOS 器件寄生参数

MOS 晶体管器件本身存在两种寄生分布电容：掺杂电容和栅电容，如图 6-3 所示。

1）掺杂电容主要是由源、漏掺杂区与衬底或阱之间形成的 PN 结电容。其由两部分组成：掺杂区底面结电容和边缘电容。对于 MOS 晶体管，当源或漏上的电压发生变化时，分布电容与源、漏电阻形成的 RC 时间常数会使这一变化变慢。

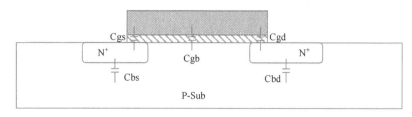

图 6-3　MOS 晶体管器件分布电容

2）由于栅电容的存在，当一个电压加到栅上时，多晶硅栅的电阻与栅电容串联在一起形成了一个 RC 时间常数，栅电容会使电压变化变慢。

MOS 晶体管器件的每一个部分都有某种电容以某种方式使器件的操作变慢。减少 MOS 晶体管器件寄生参数可以通过减少栅的电阻，其他寄生掺杂电容不易改变。如果降低了多晶硅栅的电阻值，就降低了 RC 时间常数，从而改善了器件的速度。可以通过把多晶硅栅分成多个"指状"叉指结构，然后用布线将它们并联起来以降低电阻。

6.1.4　天线效应

集成电路制造工艺中，在制作 MOS 晶体管栅（Poly）层的时候，电荷可能积累在栅上，并产生电压足以使电流穿过栅的氧化层，虽然这种情况不会破坏栅氧化层，但会降低氧化层绝缘程度。这种降低程度和栅氧化层面积内通过的电荷数成正比。每一 Poly 层积累的正电荷与它的面积成正比，如果一块很小的栅氧化层连接到一块很大的 Poly 图层时，就可能造成超出比例的破坏，因为大块的 Poly 层就像一个天线一样收集电荷，当大面积的第一层金属直接与栅极相连，在金属制作过程中，其周围聚集的离子会增加其电势，进而使栅电压增加，导致栅氧化层击穿，这种效应称为天线效应。大多数的版图中都可能有少数这样面积大的 Poly 层。

天线效应的消除方法有以下几种。

1）跳线法。又分为"向上跳线"和"向下跳线"两种方式。跳线即断开存在天线效应的金属层，通过通孔连接到其他层（向上跳线法连接到天线层的上一层，向下跳线法连接到天线层的下一层），最后再回到当前层。这种方法通过改变金属布线的层次来解决天线效应，但是同时增加了通孔，由于通孔的电阻很大，会直接影响到芯片的性能，所以在使用此方法时要严格控制布线层次变化次数和通孔的数量。

2）添加天线器件，给"天线"加上反偏二极管。通过给存在天线效应的栅及关联金属层接上反偏二极管，形成一个电荷泄放回路，从而消除了天线效应。

3）对于上述方法都不能消除的长布线上的天线效应，可通过插入缓冲器，切断长布线来消除天线效应。

在实际版图设计中，需要考虑到性能、面积及其他因素的折中要求，常常将上述方法结合起来以消除天线效应。

6.1.5　闩锁效应

对于 CMOS 工艺，还存在着另一类特有的寄生效应：闩锁效应（Latch-up）。它由 CMOS 工艺中的 PMOS 有源区、N 阱区、P 型衬底区、NMOS 有源区构成四层双极载流子晶体管（BJT）结构的 PNPN 晶体管，如图 6-4 所示。

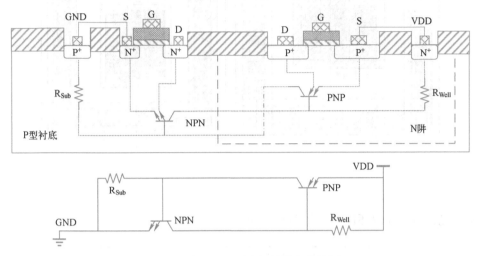

图 6-4　寄生 BJT 形成闩锁效应等效图

如果 PMOS 晶体管的漏端存在大电压摆动（超过 VDD），将会向 N 阱区或 P 型衬底注入很大的位移电流，从而使两个 BJT 因触发而导通（通常情况下是 PNP 比较容易触发起来），VDD 至 GND 间形成低阻通路。之后就算外界干扰消失，由于两个晶体管之间形成正反馈，还是会有电源和地之间的漏电，即锁定状态。Latch-up 由此而产生。

闩锁效应通常会导致电路功能失效，严重时可烧毁芯片，避免闩锁效应的方法主要有以下几种。

1）在 CMOS 的有源区周围增加尽可能多的接触孔，降低寄生电阻电容值。

2）衬底接触孔和阱接触孔应尽量靠近源区，以降低阱电阻和衬底电阻的阻值。

3）将 PMOS 晶体管尽量远离 NMOS 晶体管以增大 PNPN 结的导通电压，或使 NMOS 晶体管尽量靠近 GND，PMOS 晶体管尽量靠近 VDD，降低闩锁发生概率。

4）电源线和地线防止闩锁的设计包括加粗电源线和地线；接相关衬底的环形 VDD 电源线；增加 VDD 和 GND 接触孔，并加大接触面积；对每一个接 VDD 的孔都要在相邻的阱中配以对应的 GND 接触孔，以便增加并行的电流通路；尽量使 VDD 和 GND 的接触孔的长边图层相互平行；接 VDD 的孔尽可能安排得离阱远些；接 GND 的孔尽可能安排在 P 衬底的所有图层边上。

5）使用保护环。保护环的基本概念主要分成两种，一种是多数载流子保护环；另一种是少数载流子保护环。多数与少数是相对的，比如，电子在 P-Sub 中为少数载流子，在 N-well 中就是多数载流子。少数载流子保护环是通过掺杂不同类型杂质形成反偏结，提前收集引起闩锁的少数注入载流子。多数载流子保护环是通过掺杂相同类型杂质，减小多数载流子电流产生的压降。

P 型保护环环绕 NMOS 晶体管并接 GND，如图 6-5a 所示；N 型保护环环绕 PMOS 晶体管并接 VDD，如图 6-5b 所示。一方面可以降低阱电阻和衬底电阻的阻值，另一方面可阻止电子到达 BJT 的基极。

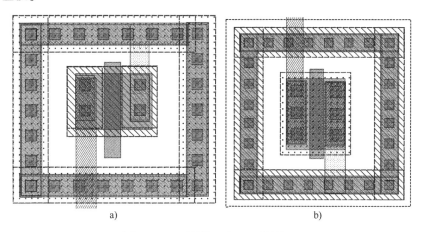

图 6-5　P 型保护环与 N 型保护环

a）P 型保护环　b）N 型保护环

如果可能，可增加双环保护，如图 6-6 所示。

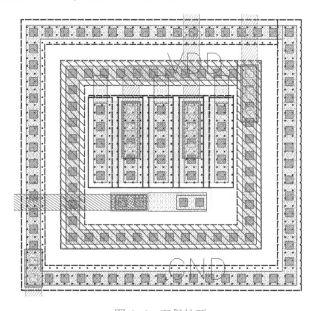

图 6-6　双保护环

那么保护环是如何工作的？以反相器版图为例说明，图 6-7 为反相器版图中加入保护环。

在图 6-7 所示的反相器版图中，P 型保护环接 GND 环绕 NMOS 晶体管构成少数载流子保护环就可以提前进行电子的收集，如果少数载流子保护环深度越深，收集电子的效果也越明显。相反，N 阱中的 PMOS 晶体管的保护环接 VDD 收集少子空穴。多数载流子收集空穴，因为是 P 型衬底，空穴必然进入到衬底中，多数载流子保护环本质上降低了局部电阻产生的压降。

6）除在 I/O 处需采取防 Latch up 的措施外，凡接 I/O 的内部 MOS 晶体管也应加保护环。I/O 处尽量不使用 N 阱 PMOS 晶体管。

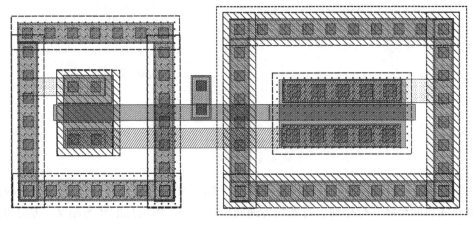

图 6-7 反相器版图中加入保护环

7）采用绝缘体上硅（Silicon On Insulator，SOI）技术。SOI 技术是指在顶层硅和背衬底之间引入了一层埋氧化层，实现集成电路中元器件的介质隔离，从而可以彻底消除 CMOS 电路中的寄生闩锁效应。

6.1.6 噪声问题

噪声是存在于集成电路芯片中的一个问题，当一个要接收某一微弱信号且非常敏感的电路，又位于一个正在进行着各种计算、控制逻辑和频繁切换的电路旁边的时候，必须特别注意版图和平面布局。

噪声解决方法如下。

1）减小信号摆幅。在一个混合信号芯片中，主要是让数字部分保持安静，即采用电压摆幅小的数字逻辑。

2）隔离。隔离版图技术有许多种，一个简单的方法是用一大圈接地的衬底接触保护环把整个干扰模块包围起来。不仅可以放置保护环包围噪声模块，还可以把安静模块也用保护环包围起来，实现双重隔离，如图6-8所示。

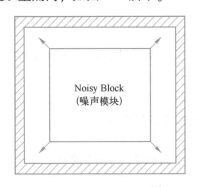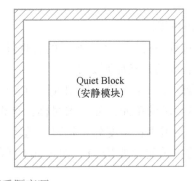

Noisy Block
(噪声模块)

Quiet Block
(安静模块)

图 6-8 双重隔离环

3）信号线屏蔽。如连接放大器的信号线需要屏蔽时，版图设计时可以采用上下左右屏蔽层包围信号线，如图6-9所示。信号沿内部导线传送，外层的屏蔽线接地。外界出现的任何噪声都由接地信号线接收而不会被内部的信号线接收。

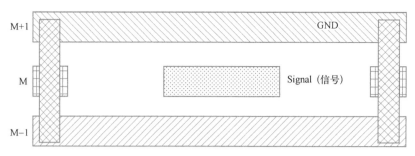

图 6-9　信号线屏蔽

4）差分信号。差分电路是一种用来检测两个同一来源的特殊走线的信号之差的设计技术。两条布线自始至终并行排列。每条线传递同样的信息，但信息的状态相反。差分电路有很强的抗噪声能力。

5）去耦供电线。供电线上放置尺寸很大的去耦电容，进入供电线的任何噪声首先被吸收到接地线，只有很少的噪声能越过这个电容进入电路。

6）层叠供电线。把电源线和接地线层叠排列，这就在电源、地线之间形成了额外的去耦小电容，采用这种方法可以用很小的空间来做去耦供电轨线，而不需要在电路中插入一个大电容。

7）谐波干扰。把信号分解，会看到一个基频和许多谐波。谐波通常比原有信号弱且其频率是位于主频的倍数上的信号。电路的某一个谐波可能正好与需要处理的另一个输入信号的频率一样，可能引起谐振。所以必须消除这一谐波噪声。可以采用相关噪声技术，如保护环、隔离屏蔽信号等，来消除或减弱谐波有可能引起的干扰。

6.1.7　布局和布线

1. 布局

芯片布局图需要知道每个单元电路版图的面积和整个芯片的面积，以及所有焊盘（Pad）的列表和摆放顺序，得到必需的信息后，下一步就是画出草图。然后根据这些信息进行版图的整体布局。

（1）布局的原则

版图设计过程中首先要考虑布局的合理性。布局是否合理，将对很多技术指标产生重要影响。考虑布局合理的几条原则如下。

1）各焊盘的分布是否便于使用或与有关电路兼容。

2）有特殊要求的单元，如要求对称，是否进行了合理安排。

3）布局是否紧凑；温度分布是否合适等。

4）版图的单元配置要恰当。如逻辑门版图和晶体管版图的形状的确定、安放位置和方向。

（2）影响版图布局的因素

不同的版图布局对电路的性能、芯片面积、紧凑度和布线长度等都会产生影响。另外，版图的布线要合适。

决定版图布局的三个重要因素包括引线、模块和信号驱动布局。

1）引线驱动布局。引线直接和 Pad 相连，引线确定了输入和输出应当布置在封装中芯片四周的那些地方。引线位置是否合适直接影响到版图布局的质量和难易程度。一个好的引线安排可以减少寄生参数，通常把同组 VDD、GND 及关联 ESD 保护模块靠近放置，可使引线简化。

2）模块驱动布局。使模块之间的接线尽可能短，尽可能找到某种对称性来布线。对称的版图可使芯片工作得更好，且减少工作量。将整个电路的模拟部分和逻辑部分分开布局，从一定程度上减少干扰，并将模拟部分和逻辑部分的电源分两个环路，即模拟电源、地（AVDD、AGND）和数字电源、地（DVDD、DGND），然后 AGND 和 DGND 外接相同电位。

版图布局是先从引线开始还是先从模块布局开始，这要视情况而定。这取决于它们中哪一个更重要。如果比较在意内部模块相互间的联系，那么内部安排将决定引线位置；如果更担心引线间如何相互作用和连接，那么引线就将决定如何在内部放置模块；也可能是相互制约。制定一个好的引线布局和模块布局是一个复杂的过程。

3）信号驱动布局。版图布局要考虑信号流，高频或射频电路信号如何合理布局使其流向每一个模块，那么对称性是版图最重要的考虑因素。如图 6-10 所示，放大器的输出完全在同一时间到达模块 1 和模块 2，这时放大器的布局可能浪费了一些空间，但不要破坏其布局对称性，因为版图布局主要考虑电路功能。这时是信号流而不是模块或引线位置决定版图布局。从面积利用率来看可能不是最好的设计，但却是为了实现电路功能所做的最好布局。

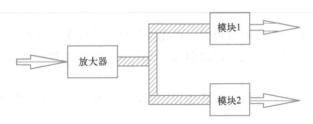

图 6-10 信号流对称版图布局

规划芯片版图布局时要同时考虑布线。信号、电源、时钟、屏蔽以及保护环等都要占用空间，要根据情况决定电路模块之间的距离。为电源线和地线留出空间。为需要匹配（差分信号、对称）的器件和噪声方面（隔离技术）的考虑留有空间。

2. 布线

大多数模拟和混合信号芯片的版图设计都是手工布线，需要考虑各种因素：连线电阻、电迁移、噪声耦合和热分布等。一般空余空间都会放置一些衬底接触孔、旁路电容、探测点和测试焊盘。布线既可以跨越各个电路模块本身，也可以沿着各个电路模块的边沿布线。跨越模块本身布线可以节省芯片面积，沿着模块的边沿布线更快更容易修改，两种方法各有利弊，应择优考虑。在布线时，寄生的 RC 时间常数是电路工作速度的主要限制因素，要考虑好。MOS 晶体管中的布线主要是金属布线和多晶硅布线，有些数字逻辑门版图也使用有源区参与布线。如果有些电路不允许多晶硅布线，那么就采用两层或以上金属布线。

在一个双层金属布线的设计中，可以这样分配布线：纵向使用一层金属布线，横向使用一层金属布线。上下两层金属布线时应保持正交，如：金属布线 M1 与金属布线 M2 的布线正交，如果金属布线 M1 沿水平方向布线，那么金属布线 M2 就应该沿垂直方向布线，这样排列可以使接触孔的数量最小，同时在利用通道的空间方面达到最优，如图 6-11 所示。

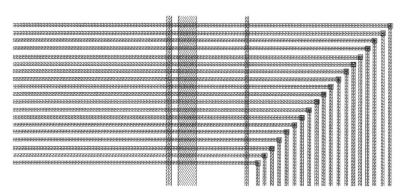

图 6-11　正交金属布线

大多数设计中会有两三条布线通道传输大部分的信号。这些主布线通道一般会在芯片中心附近相互交叉。有时很难确切地估计信号的布线位置，而一旦开始顶层互连就很难再增加布线通道的宽度了，因此布线时要留足够的信号线空间。

金属布线应注意以下几点。

1）金属布线尽量短些、宽些且金属布线图形越简单越好。

2）为避免寄生耦合，金属布线最好不要跨越 MOS 晶体管，但可跨越电阻。

3）为防止短路及减小场效应，金属布线应尽量不要在掺杂层上跨过，可使金属布线在厚氧化层上。

4）金属布线不能相交，无法避免时，可用多晶硅布线作为过渡连线。

5）电源线、地线、输入引线、输出引线、低电阻引线的金属布线要宽些，引线孔要开得大且应为一排或一列。

6）多晶硅的电阻率大于金属，为减小寄生电阻，在版图中尽量避免采用多晶硅布线。

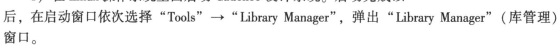

任务实践：保护环版图设计

1. N 型保护环版图

（1）N 型保护环一排通孔版图

6-1　保护环版图

使用 Multipart Path 工具制作保护环，步骤如下。

1）在 Linux 操作系统里面启动 Cadence 设计系统。启动完成以后，在启动窗口依次选择"Tools"→"Library Manager"，弹出"Library Manager"（库管理）窗口。

2）在库管理窗口上，选中自己的库 LL，新建一个 Cell，并建一个 Cell 名为 NRING1 的版图。弹出版图设计窗口。在版图设计窗口中选择图层 LSW 窗口，设置有效的设计图层。然后设置捕获格点 X 轴、Y 轴都为 0.05。

3）在版图设计窗口菜单栏选择"Create"→"Multipart Path"（用 Multipart Path 做一些可调整尺寸的保护环，先做一排接触孔的保护环）→"Multipart Path"后，再按快捷键〈F3〉，弹出属性编辑窗口。

4）设置"Template Name"为 NRING1，Width 线宽即基准 AA 有源区的线宽（即有源区包围接触孔的最小包围尺寸，线宽是：0.15 mm+0.4 mm+0.15 mm=0.7（μm）），因此设为0.7。然后单击"Subpart"按钮，设置其他图层尺寸。

5）在"OffsetSubpath"项，设置图层 AA 的宽 Width 为 0.7，其他不变；单击"Add"按钮；图层 SN 的宽 Width 为 1.2（即掺杂区包围有源区的最小包围尺寸）。"Begin Offset"为 0.25，"EndSet"为 0.25，单击"Add"按钮。

6）在"EnclosureSubpath"项，设置 M1 的 Enclosure 为 0，其他不变，表示金属布线 M1 和有源区 AA 重叠，单击"Add"按钮。

7）在"Subrectangle"项，设置接触孔图层 CT，"Width"为 0.4，"Length"为 0.4，"Space"为 0.4，"Begin Offset"为 -0.15，"End Offset"为 -0.15，"Gap"为"minimum"，"Separation"为 0（Separation 指的是孔的中心到基准线中心的距离），单击"Add"按钮。

8）然后单击"OK"按钮。返回上一窗口，单击"Save Template"按钮，在弹出的对话框中，将"ASCⅡ File"中的"templates"替换为"NRING1"，然后单击"OK"按钮。返回上一窗口，单击"Hide"按钮。

9）开始在版图编辑窗口画保护环，单击确定起点和拐点，双击确定终点退出。按快捷键〈S〉可以调整保护环的大小，最后补充保护环缺口的有源区 AA 和金属布线 M1。

设计完成的版图如图 6-12 所示，然后保存。

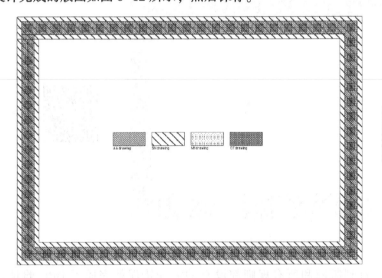

图 6-12　N 环—排通孔版图

开始版图规则验证。直到版图和所有规则都没有冲突和错误就完成了 DRC 验证。关闭 DRC 验证窗口，关闭 NRING1 版图设计窗口。

（2）N 型保护环两排通孔版图

1）回到库管理窗口上，选中自己的库 LL，新建一个 Cell，并建一个 Cell 名为 NRING2 的版图。

2）弹出版图设计窗口。在版图设计窗口菜单栏选择"Create"→"Multipart Path"，按快捷键〈F3〉，弹出属性编辑窗口。

3）设置 Template Name 为 NRING2，线宽 Width 设为 1.5（即有源区包围两个接触孔的最小包围尺寸，线宽是：0.15 mm + 0.4 mm + 0.4 mm + 0.4 mm + 0.15 mm = 1.5 μm）。然后单击"Subpart"按钮，设置其他图层尺寸。

4）删除所有的约定规则。

5）在"Offset Subpath"项，设置图层 AA 的 Width 为 1.5，其他都为 0；单击"Add"按钮；图层 SN 的 Width 为 2.0。Begin Offset 为 0.25，EndSet 为 0.25，单击"Add"按钮。

6）在"Enclosure Subpath"项，设置 M1 的 Enclosure 为 0，其他不变，表示金属布线 M1 和有源区 AA 重叠。

7）在"Subrectangle"项，设置接触孔图层 CT，Width 为 0.4，Length 为 0.4，Space 为 0.4，Begin Offset 为 -0.15，End Offset 为 -0.15，Gap 为 minimum，Separation 为 0.4，单击 Add 添加一次；Separation 为 -0.4，单击"Add"按钮再添加一次，表示接触孔中心到基准线中心的距离是正负 0.4 μm。

8）然后单击 OK。返回上一窗口，单击"Save Template"按钮，在弹出的对话框中，将"ASCII File"中的"NRING1"替换为"NRING2"，然后单击 OK。返回上一窗口，单击"Hide"按钮。

9）开始在版图编辑窗口画保护环，最后补充保护环缺口的有源区 AA 和金属布线 M1。

设计完成后的版图如图 6-13 所示，然后保存。

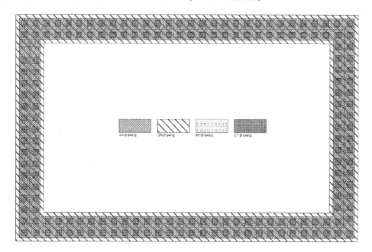

图 6-13　N 环两排通孔版图

开始版图规则验证。直到版图和所有规则都没有冲突和错误就完成了 DRC 验证。关闭 DRC 验证窗口，关闭 NRING2 版图设计窗口。

2. P 型保护环版图

（1）P 型保护环一排通孔版图

使用 Multipart Path 工具制作保护环，步骤如下。

1）回到库管理窗口上，选中自己的库 LL，新建一个 Cell，并建一个 Cell 名为 PRING1 的版图。

2）弹出版图设计窗口。在版图设计窗口菜单栏选择"Create"→"Multipart Path"，按快捷键〈F3〉，弹出属性编辑窗口。

3）设置"Template Name"为"PRING1"，"MPP Template"选中 NRING1，Width 设为 0.7。

4）单击 Subpart，设置其他图层尺寸。设置过程参考 NRING1，只有一处不同是掺杂图层是 SP，因此修改 SN 为 SP，然后删除 SN，其他都保持一样。

5）设置好以后，返回上一窗口，单击"Save Template"按钮，在弹出对话框中的"ASCII File"将"NRING2"替换为"PRING1"，然后单击"OK"按钮。返回上一窗口，单击"Hide"按钮。

6）开始在版图编辑窗口画保护环，最后补充保护环缺口的有源区 AA 和金属布线 M1。设计完成的版图如图 6-14 所示，然后保存。

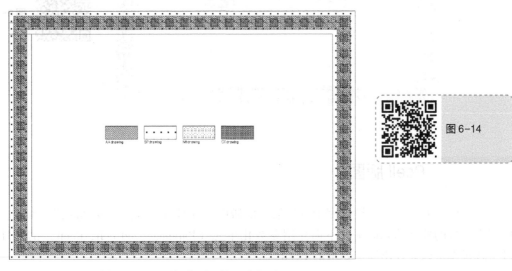

图 6-14 P 型保护环一排通孔版图

开始版图规则验证。直到版图和所有规则都没有冲突和错误，就完成了 DRC 验证。关闭 DRC 验证窗口，关闭 NRING1 版图设计窗口。

（2）P 型保护环两排通孔版图

1）回到库管理窗口上，选中自己的库 LL，新建一个 Cell，并建一个 Cell 名为 PRING2 的版图。

2）弹出版图设计窗口。在版图设计窗口菜单栏选择"Create"→"Multipart Path"。按快捷键〈F3〉，弹出属性编辑窗口。

3）设置"Template Name"为 PRING2，MPP Template 单击选中 NRING2，Width 设为 1.5。

4）单击 Subpart，设置其他图层尺寸。设置过程参考 NRING2，只有一处不同是掺杂图层是 SP，因此修改 SN 为 SP，然后删除 SN，其他都保持一样。

5）设置好以后，返回上一窗口，单击"Save Template"按钮，在弹出的对话框中，将"ASCII File"中的"PRING1"替换为"PRING2"，然后单击"OK"按钮。返回上一窗口，单击"Hide"按钮。

6）开始在版图编辑窗口画保护环，最后补充保护环缺口的有源区 AA 和金属布线 M1。设计完成后的版图如图 6-15 所示，然后保存。

开始版图规则验证。直到版图和所有规则都没有冲突和错误，就完成了 DRC 验证。

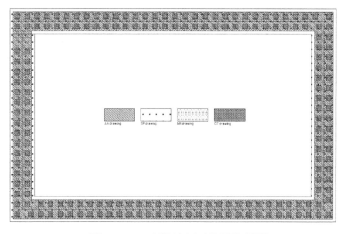

图 6-15　P 型保护环两排通孔版图

任务 6.2　Pcell 版图

版图设计时，可以从设计库中调用器件的版图，并且可以根据需要修改器件参数，那么如何实现参数的器件的修改呢？下面介绍参数化单元（Parameterized cell，Pcell）的设计，并通过实践操作可以设计出满足要求的 Pcell。

6.2.1　Pcell 功能

Pcell 可以看成是一种可编程单元，可以通过定义参数创建版图。在调用 Pcell 的过程中为器件参数根据设计要求赋值，可以创建不同的 Pcell 版图。如在版图中调用 MOS 器件的 Pcell，然后根据设计参数修改 MOS 器件的 W、L、是否添加 Gate（过孔）、是否添加源漏极连接等，这些都可以通过 Pcell 实现。

创建 Pcell 可以使用 skill 程序，也可以使用 Virtuoso Pcell 应用程序以图形方式创建 Pcell。使用 skill 程序创建 Pcell 更加灵活，也是 Cadence 推荐的 Pcell 创建方式，其需要掌握 skill 编程；使用 Virtuoso Pcell 应用程序以图形方式创建 Pcell 更加方便，适合初学者，也能满足大部分的设计需求，本书都是以图形化方式创建 Pcell。

6.2.2　Pcell 设计环境

Pcell 的设计环境与版图设计环境基本一致，在版图设计窗口依次选择 "Launch" → "Pcell"，即可开始 Pcell 设计。Pcell 设计窗口如图 6-16 所示。Pcell 是在版图基础之上实现的，所以首先需要完成 Pcell 对应的版图部分工作，然后定义不同的参数，并将不同的参数赋予不同的意义，实现 Pcell 的功能。

Pcell 的基本功能如下。

- Stretch。与版图中拉伸工具实现相同的功能，可以对部分版图进行拉伸，其中 Pcell 的很多尺寸改变都是通过这一命令实现，比如，W、L 值的改变。
- Conditional Inclusion。根据设置的条件包含或者去除某些对象，比如，当 W 大于某一值时自动增加 finger 数。
- Repetition。复制对象参数，如在实现 MOS 晶体管的 W 参数改变的同时，可以自动增加或者减少源、漏接触孔数量。

- Compile。定义完参数的版图一定需要通过编译才可以作为 Pcell 使用，可以选择直接编译成 Pcell 或者生成相应的 skill 脚本。

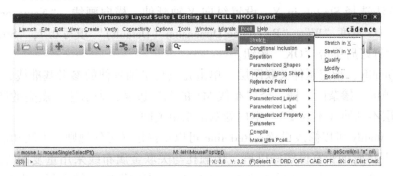

图 6-16　Pcell 编辑环境

了解以上四个基本功能即可完成 Pcell 的制作。

任务实践：Pcell 版图设计

1.　一个 MOS 晶体管的 Pcell

1）在 Linux 操作系统里面启动 Cadence 设计系统。启动完成以后，在启动窗口依次选择"Tools"→"Library Manager"，弹出"Library Manager"（库管理）窗口。

6-2　Pcell 版图

2）在库管理窗口上，选中自己的库 LL，新建一个 Cell，并建一个 Cell 名为 PCELL_NMOS 的版图。如图 6-17 所示。

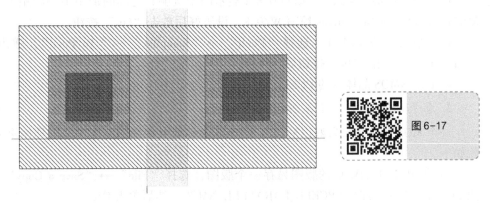

图 6-17

图 6-17　制作 Pcell 的 NMOS 版图

3）弹出版图设计窗口。在版图设计窗口中选择图层 LSW 窗口，设置有效的设计图层。然后设置捕获格点 X 轴、Y 轴都为 0.05。

4）在版图设计窗口菜单栏选择"Launch"→"Pcell"，启动 Pcell。画一个 NMOS 晶体管简易版图，注意中心点的放置位置。

5）再在版图设计窗口菜单栏选择"Pcell"→"Stretch"，然后选择 Stretch in X，表示横向 X 轴延伸。纵向画线在关联图层上确定参考基准线（基准线最好在坐标 0 点），单击确定起点，松开左键移动鼠标，再次单击确定终点，再双击一次弹出编辑对话框，如图 6-18 所示。

6）在"Name or Expression for Stretch"填写 MOS 长度"L"，"Reference Dimension（Default）"填写 0.35，"Stretch Direction"选择"right"，选中"Stretch Horizontally Repeated Figures"（表示一些关联重复的图层跟着一起延伸），设置好后单击"OK"按钮。

7）相同方法选择 Stretch in Y，设置纵向 Y 轴延伸，横向画线。"Name or Expression for Stretch"填写 MOS 宽度"W"，"Reference Dimension（Default）"填写 0.7，"Stretch Direction"选择"up"，设置好后单击"OK"按钮。

8）设置 Qualify，指定延伸关联图层，单击先点亮 Y 轴延伸的参考基准线，再单击依次点亮关联延伸有源区、掺杂区、栅、金属布线 M1 的图层边缘，表示这些点亮的图层随着延伸，没有点亮的图层不延伸（不改变）。空白处双击结束关联。

9）另外，Modify 可以修改设置；Redefine 可以重修定义延伸规则，方法和前面类似。

10）MOS 晶体管的长宽设定好以后，接触孔与关联金属布线采用重复的方法。菜单栏选择"Pcell"→"Repetition"，然后选"Repeat in Y"，表示纵向 Y 轴重复。再选择点亮两个接触孔的图层边缘，表示这些点亮的图层进行重复操作。空白处双击，弹出编辑对话框，如图 6-19 所示。

图 6-18　延伸对话框

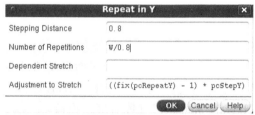

图 6-19　重复对话框

11）"Stepping Distance"填写 0.8（表示两个接触孔之间的最小中心间距为 0.8 μm），重复数目 Number of Repetitions 填写 W/0.8。设置好后单击"OK"按钮。

12）最后生成 PCELL。选择"Pcell"→"Compiler"→"To Pcell"，弹出窗口中选择"Transistor"，单击"OK"按钮后，保存。

以上是 NMOS 晶体管的 PCELL 制作过程。

2. 多个 MOS 晶体管并联 Pcell

一个 MOS 晶体管设置好以后，多个 MOS 晶体管共源漏的制作也采用延伸重复的方法。步骤如下。

1）把 PCELL_NMOS 的版图另存一个版图，选择"File"→"Save a Copy"，弹出窗口中把 PCELL_NMOS 修改为 PCELL_PARALLEL_NMOS，然后单击 OK。

2）在库管理窗口打开 PCELL_PARALLEL_NMOS 版图。

3）选择"Pcell"→"Stretch"→"Stretch in X"，纵向画线在关联图层上，再双击弹出编辑窗口，"Name or Expression for Stretch"填写"(L+1)*numgates−L"，"Reference Dimension（Default）"填写 1，"Stretch Direction"选择"right"，设置好后单击"OK"按钮。

4）设置 Qualify，指定延伸关联图层，单击先点亮 X 轴延伸的参考基准线，再单击依次点亮关联延伸有源区、掺杂区的图层边缘，表示这些点亮的图层随着延伸。空白处双击结束关联。

5）选择"Repetition"→"Repeat in X"，表示横向 X 轴重复。再单击依次点亮栅 GT、右

侧金属布线 M1 的图层边缘，表示点亮的图层进行重复操作。空白处双击，弹出编辑窗口。"Stepping Distance" 填写 "L+1"（两个栅之间的间距为 1）, "Number of Repetitions" 填写 "numgates"。设置好后单击 "OK" 按钮。

6) 再进行 XY 轴重复，选择 "Repetition" → "Repeat in X and Y"，表示 X、Y 轴重复。再单击点亮右侧接触孔的图层边缘，表示点亮的图层重复操作。空白处双击，弹出编辑窗口。

7) "X Stepping Distance" 填写 "L+1"，"Number of X Repetitions" 填写 "numgates"；"Y Stepping Distance" 填写 0.8，"Number of Y Repetitions" 填写 "W/0.8"。设置好后单击 OK 按钮。

8) 最后生成 PCELL。选择 "Pcell" → "Compiler" → "To Pcell"，保存。

同样的方法，再制作 PMOS 晶体管的 Pcell：PCELL_PMOS 和 PCELL_PARALLEL_PMOS。

3. 测试 Pcell

图6-21

在新的版图设计窗口里就可以插入 PCELL 了。现在新建一个 CELL，名为 PCELL_TEST，打开版图窗口，插入单个 PCELL_NMOS，设置长为 2 μm，宽为 5 μm，如图 6-20a 所示。物理层观测一下，无误。再插入一个 PCELL_PARALLEL_NMOS，设置长为 2 μm，宽为 5 μm，栅数量 numgates 为 6，如图 6-20b 所示。检查物理层确认无误，保存。

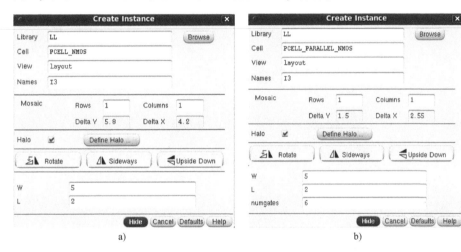

图 6-20 插入 Pcell

a）插入一个 MOS 晶体管   b）插入多个 MOS 晶体管

插入的测试 Pcell 版图如图 6-21 所示。

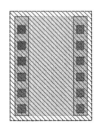
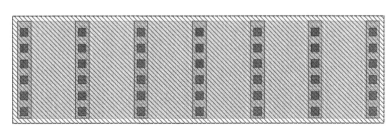

图 6-21 测试 Pcell 版图

开始版图规则验证。直到版图和所有规则都没有冲突和错误，就完成了 DRC 验证。

思考与练习

制作 PMOS 晶体管的 Pcell：

1）一个 MOS 晶体管的 PCELL_PMOS。

2）多个 MOS 晶体管的 PCELL_PARALLEL_PMOS。

项目 7　放大器版图设计

模拟集成电路的精度和性能通常取决于元器件匹配精度，匹配度直接影响了最终电路的性能，而匹配靠制造工艺和版图设计保证。本项目在分析 CMOS 模拟版图设计匹配机理和研究常用匹配手段的基础上，深入探讨了 MOS 晶体管叉指结构的共质心版图设计方法，设计了一个基本放大器版图，对放大器输入差分对管和电流镜给出详细的匹配版图。并且给出了放大器版图匹配设计和版图后仿真的详细设计过程与实践操作。

任务 7.1　MOS 晶体管版图匹配设计技术

MOS 晶体管的版图匹配设计是模拟集成电路版图设计中的重要环节之一。在芯片中集成元器件之间排列非常紧密，并且同一芯片的所有元器件全部同时制作，因而所有元器件的特性都有很好的一致性，可以达到比较好的匹配。假如某一元器件参数值增加了，那么另一元器件也同样增加了，同类元器件参数增加或减少的值可以相差很小或近似相同，元器件相差越小，元器件的匹配度越高。匹配是元器件之间性能变化一致的一种特性，这种特性非常适合于运算放大器的差分输入级匹配，以及电流镜的匹配与对称版图设计。

之所以要对 MOS 晶体管进行匹配设计，这是由于 CMOS 工艺制造误差造成的元器件性能偏差而引起失配。失配是芯片电路和版图上不合理的设计造成的。产生失配的原因有很多种，在对失配机理的深入理解的基础上，有针对性地给出匹配性设计，才能有效地改善和减轻某一失配现象。

7.1.1　MOS 晶体管的失配

在高精度模拟电路中，MOS 晶体管的失配是一个非常重要的问题，它会产生电压和电流失调，从而降低电路的性能，这种影响会随着电源电压的降低和元器件尺寸的减小而变得越来越严重。MOS 晶体管失配特征对于精确的模拟电路设计是非常关键的，采用较小尺寸的 MOS 晶体管会在电学参数中产生很大的偏差，采用较大尺寸的 MOS 晶体管会浪费芯片面积，同时使电路寄生电容增加，从而会降低电路的速度和增加电路的功耗。

失配大体上可分为两类：制造过程中引入的失配和设计中的失配。在大多数情况下，利用各种各样的设计技术可以消除设计中的失配，而许多最终电路中存在的失配大多是由制造过程中晶体管几何尺寸的失配引起的。MOS 晶体管在制造过程中的失配会导致：晶体管阈值电压的失配；晶体管跨导的失配；晶体管漏电流的失配。

1. MOS 晶体管失配的电路影响因素

在模拟集成电路设计中，经常要求 MOS 晶体管器件之间满足某种匹配关系。如放大器中的差分对要求栅源电压匹配，电流镜则要求漏极电流匹配。电压匹配与电流匹配的优化条件不同，可以择一优化匹配，不可以两者皆得。这主要是由电压匹配和电流匹配的匹配要求不同，下面从失配角度分析不同点。

1）影响 MOS 晶体管电压失配的因素主要为有效栅压。对于由电压匹配决定的 MOS 晶体管电路，采用大尺寸的宽长比与降低匹配晶体管的有效栅压可以减小电压失配。

2）影响 MOS 晶体管漏极电流失配的因素主要为阈值电压和跨导。改善阈值电压和跨导失配的方法之一是使用长沟道或较大宽长比的器件。这样具有较好的匹配；另外，MOS 晶体管栅压较低时，阈值失配增大，从而造成晶体管漏极电流失配增大。因此，在电流匹配时 MOS 晶体管电路应该采用比较高的栅压，从而可以避免阈值电压的失配。因此，要求电压匹配的 MOS 晶体管电路应该工作在较低栅压下，要求电流匹配的 MOS 晶体管电路应该工作在较高的栅压下，设计时需折中考虑。

2. MOS 晶体管失配的版图影响因素

失配的两个量化指标分别为随机失配和系统失配，随机失配来源于器件尺寸、掺杂、氧化层厚度以及其他影响器件参数的偏差。系统失配来源于工艺偏差、接触电阻、电流的不均匀流动、扩散相互影响、机械应力和温度梯度等原因。另外，版图的不合理设计也会造成芯片工艺制造失配，下面介绍一些制造工艺引起失配的原因以及在版图设计中消除这些失配的方法。

消除这些失配的方法主要就是版图匹配设计。匹配设计的主要目的就是尽量使器件对引起失配的各种原因不敏感，MOS 晶体管版图的尺寸、形状、方向都会影响其匹配性。在硅片上生产出来的图形尺寸不会和版图数据的尺寸完全一致，因为在光刻、刻蚀、扩散和离子注入这些过程中图形会收缩或扩张，掩模板的边缘就不会与预期的边缘完全重合，就会造成工艺偏差。工艺偏差就是指图形的绘制尺寸与实际制造尺寸之差。

（1）工艺中刻蚀对 MOS 晶体管失配的影响

MOS 晶体管的硅栅、多晶硅电阻和 PIP 电容的上下极板都是通过刻蚀掺杂多晶硅薄膜的方法获得的。刻蚀速率的变化使得其最终图形发生偏离，造成失配。由于多晶硅在不同的几何图形下刻蚀速率是不完全一致的，多晶硅刻蚀的掩模板开孔越大，刻蚀速率越快。因此当小开孔刚好刻蚀到预期位置时，大开孔的边缘已经存在一定程度的过刻蚀。这种效应使得距离远的多晶硅图形比紧密放置的图形的宽度要小。图 7-1a 为三个平行 MOS 多晶硅栅极的版图，用它可以说明这一现象。两边多晶硅栅极朝外侧的边成为大开口的侧壁，很快就会刻蚀完；而两边多晶硅栅极朝内侧的边成为狭长缝隙的侧壁，刻蚀速率较慢；中间的多晶硅栅极没有向外侧的边缘，刻蚀速率较慢；因此刻蚀后最终的宽度为中间的要比其他两个多晶硅栅稍大。

对于 MOS 晶体管，多晶硅栅极之间要加入源漏的接触孔，导致多晶硅栅极之间的间距稍大一些，结构较为松散，多晶硅栅极之间的间距越大，对刻蚀速率的变化越不敏感。为了确保均匀刻蚀，MOS 晶体管应该使用虚拟（Dummy）多晶硅栅极，如图 7-1b 所示。

虚拟多晶硅栅极的特点如下。

1）多晶硅虚拟栅极的长度（多晶硅栅极下面的沟道长度）应该与有源区的多晶硅实际栅极的长度相同，虚拟栅极与实际栅极之间的间距必须等于实际栅极之间的距离。

2）由于虚拟栅极并不是真正意义的晶体管，所以它的两侧不需要源漏区，如图 7-1b 所示。只要有源区图形延伸超过虚拟栅极内侧边缘以保证虚拟栅极的边缘在薄氧化层上，就不会产生明显的失配。

3）虚拟栅极通常与晶体管的源极或背栅相连，以保证晶体管的电学特性不受虚拟管下方形成的伪沟道的影响。但虚拟栅极不能和邻近的栅极连接，否则会使相邻的真实匹配晶体管端电容和漏电流都增大，造成失配。

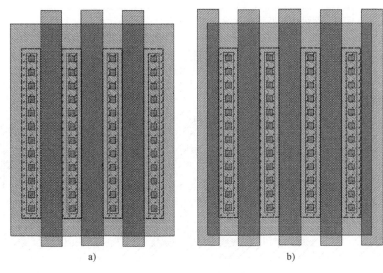

图 7-1　MOS 多晶硅栅的版图

a) 没有虚拟栅极　b) 含有虚拟栅极

通常为了解决刻蚀速率的不均匀变化造成的多晶硅形状上的偏差，一般的设计中经常会采用梳状栅极结构把多个栅极叉指连接起来。可以把刻蚀速率的变化引起的效应通过匹配栅极的方法来处理，使不同栅极的影响保持一致。为了达到最佳的匹配效果，应使用金属布线连接多晶硅栅极叉指。

由于沟道长度调制效应对长沟道器件的影响比对短沟道器件的影响小，因此，在模拟电路设计中很少采用最小尺寸的 MOS 晶体管。绝大多数情况下，MOS 晶体管的尺寸会较大，如果版图设计不当，大尺寸的 MOS 晶体管会引入较大的寄生效应。在版图设计中，常把一个 W/L 较大的 MOS 晶体管分成 N 个相同且并行的 MOS 晶体管，每个 MOS 晶体管的沟道宽度为原来的 $1/N$，这样能减小寄生电容。被分成多段的 MOS 晶体管版图做成叉指结构，从而可以构成一个紧凑的阵列。图 7-2 为一个 MOS 晶体管的叉指阵列版图，版图采用 6 个晶体管并联叉指结构，源、漏栅都分别通过金属布线连接成一个尺寸较大的晶体管。

在图 7-2 中，也可在 MOS 晶体管两侧各多出一条陪衬多晶硅条，它们的作用是减小刻蚀对最外侧多晶硅条的影响。如果不在 MOS 晶体管两侧各多加一条陪衬多晶硅条，那么位于器件最外侧的多晶硅栅极被刻蚀的程度要比器件内部的多晶硅极大，从而会导致并行 MOS 晶体管之间的失配。

另外，在有源栅区上方不要设置接触孔。MOS 晶体管源、栅极上的接触孔有时会引起显著的阈值电压失配，因此，应把多晶硅栅极延伸至沟道外，并在厚氧化层上设置接触孔。如果版图设计不可行，则应尽量减少栅区上方接触孔的数目和尺寸，并将其放置在每个晶体管中的相同位置上。

（2）杂质扩散的影响

对于 MOS 晶体管，如果附近有深扩散区排布，就会影响其匹配特性。这些扩散区的尾部会延伸相当长的距离而超出它们的结，由此引入的过量杂质会使附近晶体管的阈值电压和跨导发生改变。阱是深扩散区的一种，所以包含 MOS 晶体管的阱区应尽量画的大一些，留有与 MOS 晶体管边界足够大的距离；MOS 晶体管外部的阱区应尽量远离，以防止阱杂质分布的尾部对匹配晶体管的影响。

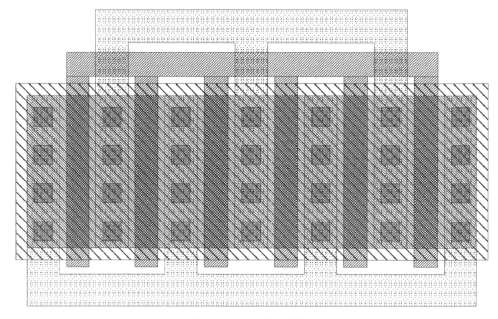

图 7-2　叉指阵列版图

（3）氢化对金属布线的影响

MOS 晶体管版图中，覆盖金属的 MOS 晶体管和没有覆盖金属的 MOS 晶体管之间可能出现漏极电流失配。因为一般氢化过程中氢不能扩散穿过金属，所以氢化过程会导致芯片金属化部分和非金属化部分之间存在差异。对于 MOS 晶体管来说，金属化不一致引起的失配会影响多晶硅栅极的寄生电阻阻值和阈值电压，这会带来 MOS 晶体管的系统失配。因此在版图中 MOS 晶体管布局布线时，金属布线不能横穿匹配晶体管有源栅区的上方区域，同时在两个匹配晶体管的上方和附近区域的金属布线层都应保持完全对应或一致。

（4）应力效应的影响

应力是载流子迁移率发生变化的因素，应力对迁移率的影响取决于方向，因此，为了避免应力的方向性变化引起失配，匹配晶体管排列朝向应该都是一致的，如图 7-3 所示。

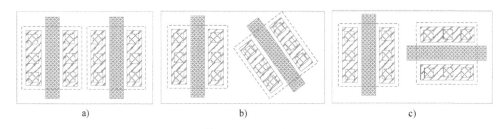

a)　　　　　　　　　　　　　b)　　　　　　　　　　　　　c)

图 7-3　晶体管的应力敏感度与方向有关

a）相同的晶轴方向平行排布　b）晶体管方向 45° 排布　c）晶体管方向垂直排布

图 7-3a 中的两个 MOS 晶体管沿着相同的晶轴方向排布，而图 7-3b 和图 7-3c 中晶体管方向性不一致。因此，图 7-3a 中用的 MOS 晶体管结构的匹配度要优于图 7-3b 和图 7-3c 中的 MOS 晶体管结构。

（5）梯度的影响

一个重要的失配是大范围的梯度变化造成的。梯度失配是器件与质心之间的距离引起的失配，影响 MOS 晶体管梯度的因素有温度梯度、应力梯度等。

1）温度梯度。MOS 晶体管的电压匹配主要取决于阈值电压的匹配，阈值电压对温度梯度敏感。使匹配器件沿温度梯度的对称轴对称排布以及采用共质心的版图结构，可以减小热梯度诱发的失配。

2）应力梯度。而 MOS 晶体管的电流匹配主要取决于器件的跨导匹配，MOS 晶体管的跨导与载流子迁移率成正比，应力梯度会使载流子的迁移率发生变化。对于 MOS 晶体管，采用共质心版图结构可以减小失配。

通过减小匹配晶体管的质心之间的距离可以减小由于梯度变化引起的失配。尽量把版图的质心之间的距离减小为零。共质心版图布局越紧密，就越不容易受到非线性梯度的影响，MOS 晶体管版图布局质心应该对准且布局紧凑。

7.1.2 共质心版图结构

设计共质心版图时，应该减少器件版图质心的间距。对于需要做共质心对称排列的 MOS 晶体管器件，在版图上除了应该尽量靠近外，每个器件的摆放应该尽可能做到彼此间的排列与周边的环境都能相同。一个器件分成几个相同的部分，且呈对称结构摆放，那么这个器件的质心位于穿过阵列的对称轴的交叉点上。通过设置两个阵列化的器件，使它们有相同的对称轴，那么这两个器件的质心就可以重合。这时，质心间距最小，为零。

1. 器件共质心对称排列结构

图 7-4 为四种常见匹配器件的共质心的对称排列结构。这些排列法都是一个器件的各部分与另外一个器件的各部分形成叉指结构。

1）一般对称：两个器件之间以一个轴（X 或 Y）结构对称，如图 7-4a 所示。

2）相同比例对称：两个器件之间以相同的比例结构对称，如图 7-4b 所示。

3）不同比例对称：两个器件之间以不同的比例结构对称，如图 7-4c 所示。

4）二维共质心阵列：两个器件之间以二维结构对称，如图 7-4d 所示。

表 7-1 所示是一维叉指对称排列、表 7-2 所示是二维叉指对称排列。两个表基本上是依照版图结合电路设计上的需要而做的一些对称组合，可以选取适当的组合，再依照设计的需要修改。

表 7-1　一维叉指对称排列

一　　组	两　　组	三　　组	四　　组
A	AA	AAA	AAAA
AB	ABBA	ABBAAB	ABABABBABABA
ABC	ABCCBA	ABCBACBCA	ABCABCCBACBA
ABCD	ABCDDCBA	ABCDBCADBCDA	ABCDDCBAABCDDCBA
ABA	ABAABA	ABAABAABA	ABAABAABAABA
ABABA	ABABAABABA	ABABAABABAABABA	ABABAABABAABABAABABA
AABA	AABAABAA	AABAAABAAABA	AABAABAAAABAABAA
AABAA	AABAAAABAA	AABAAAABAAAABAA	AABAAAABAAAABAAAABAA

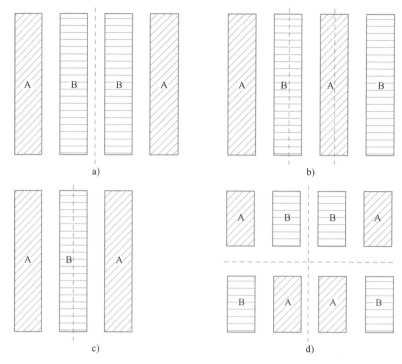

图 7-4　四种共质心对称排列结构

a）一般对称　b）相同比例对称　c）不同比例对称　d）二维共质心阵列

表 7-2　二维叉指对称排列

二　　组	四　　组	六　　组	八　　组
ABBA BAAB	ABBAABBA BAABBAAB	ABBAABBA BAABBAAB ABBAABBA	ABBAABBA BAABBAAB BAABBAAB ABBAABBA
ABA BAB	ABAABA BABBAB	ABAABA BABBAB ABAABA	ABAABAABA BABBABBAB BABBABBAB ABAABAABA
ABCCBA CBAABC	ABCCBAABC CBAABCCBA	ABCCBAABC CBAABCCBA ABCCBAABC	ABCCBAABC CBAABCCBA CBAABCCBA ABCCBAABC
AAB BAA	AABBAA BAAAAB	AABBAA BAAAAB AABBAA	AABBAA BAAAAB BAAAAB AABBAA

共质心版图的要求一般包括以下几点。

1）一致性。匹配器件的质心位置应该是一致的。理想情况下，质心应该完全重合。

2）对称性。阵列应该同时相对于 X 轴和 Y 轴对称。理想情况下，应该是阵列中各个单元位置互相对称，而不是单元自身具有对称性。

3）分散性。阵列应具有最大程度的分散性。即每个器件的各个组成部分应尽可能均匀分布在阵列中。

4）紧凑性。阵列排布应尽可能紧凑。理想情况下，应接近于正方形。

5）方向性。每个匹配器件中应包含等量的朝向相反的段，即应具有相等的叉指值。

2. MOS 晶体管匹配设计规则

在版图设计中，为了提高 MOS 晶体管的匹配，应按照 MOS 晶体管匹配原则进行版图设计，具体如下。

1）匹配 MOS 晶体管采用相同的宽长比。如果所要匹配的 MOS 晶体管宽度较大，可以将大尺寸 MOS 晶体管做成叉指状结构 MOS 晶体管，同时所有晶体管应保证有相同的宽长比。

2）对于电压匹配的 MOS 晶体管，有效栅压越小，匹配越好。可以通过增大晶体管的宽长比来降低有效栅压，这样还可以同时增大有源区面积，有利于晶体管匹配；对于电流匹配的晶体管，保证匹配 MOS 晶体管导通时具有较大的有效栅压。较大的有效栅压可以降低 MOS 晶体管的沟道电流对阈值电压的影响，提高匹配 MOS 晶体管的电流匹配度。

3）匹配 MOS 晶体管采用同相放置。采用同相放置的匹配 MOS 晶体管可以弱化电应力带来的电子迁移率对 MOS 晶体管的影响，同时稳定跨导。

4）匹配 MOS 晶体管应采取临近放置原则以保持版图紧凑。可以降低电应力和温度梯度对 MOS 晶体管的匹配度影响。

5）对多叉指的匹配 MOS 晶体管采用共质心版图结构。通过把每个晶体管做成偶数个叉指，匹配晶体管对做成二维交叉耦合对形式，可获得整体布局的良好对称性。

6）对匹配 MOS 晶体管使用虚拟栅极。虚拟栅极最好连到某个电位上以防止下面形成沟道，通常是与晶体管的背栅相连。

7）尽可能将匹配 MOS 晶体管放在远离功率器件的低压区。将匹配 MOS 晶体管放置在版图的中心可获得最小的电应力梯度，放置在功率器件的对称轴栅上可获得最小的温度梯度。

8）在有源栅区上方不要放置接触孔。尽可能把多晶硅栅极延伸到沟道外头，使用金属布线连接匹配 MOS 晶体管的栅区，可获得较小的接入电容；并在氧化层上面放置栅接触孔，以降低接触对有源区的影响。如果在栅上放置接触孔，应该尽量减少栅接触孔的数目与尺寸，并将其放置在每个晶体管的相同位置上。

9）避免在匹配 MOS 晶体管之上布线。如果必须要这样做，可将信号线垂直穿过所有 MOS 晶体管，同时使用虚拟引线，以保证所有的 MOS 晶体管具有相同的环境。

10）把晶体管放在低应力梯度区域。在共质心版图中没有消除的残余应力其灵敏度与应力梯度的幅值成正比，因此匹配 MOS 晶体管应排布在芯片应力梯度最小的区域中。在芯片中心位置应力梯度一般最小，处在芯片中心到边缘一半距离的范围内任何位置都具有这个最小值。匹配的 MOS 晶体管不能放在四个拐角附近，因为那里的应力强度和应力梯度都达到了最大值。

11）使用金属来连接叉指结构的栅极。对于低度匹配的晶体管，可以采用梳状结构栅极连接。

12）NMOS 晶体管的匹配通常高于 PMOS 晶体管的匹配。

13）版图中任意连接的导线会引起系统失配。在理想情况下导线引入电路的寄生电阻和电容可以忽略不计，实际上导线表现出的非理想性会破坏精密器件的匹配，在版图中合理规划导线能够减小或消除这种影响。因此，尽量避免在匹配器件的上层布线，当然布线时同样也需要考虑布线匹配。

14）为了减小系统失配，在版图中应使匹配晶体管与其他晶体管保持相当的距离，同时它们中间用电源线和地线隔开，目的是避免背栅掺杂浓度的变化导致阈值电压和跨导的变化。

7.1.3 一维阵列版图匹配

简单的阵列形式是把多个元器件叉指并行放置，通过恰当的布局，使 MOS 晶体管匹配元器件的质心与阵列对称轴的中心对准。下面是一个一维阵列匹配设计，两个 MOS 晶体管采用 ABBA 叉指结构，如图 7-5 所示。

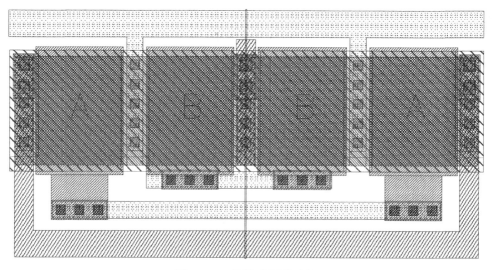

图 7-5　一维阵列版图匹配

对于一维阵列，从其叉指结构可得到一条对称轴，从分段的对称列可得到另一条对称轴。可以看出晶体管 A、B 相对于对称轴线对称，且二者的质心重合。图中最右侧 A 段的漏区在其右侧，最左侧 A 段的漏区则在其左侧。同样，右侧 B 段的源区在它的右侧，左侧 B 段的源区则在它的左侧，这样每个晶体管都包含的段具有两个相反的方向。每个晶体管向左和向右的段数相同，从而不会受到方向的影响，而且晶体管匹配良好。

7.1.4 二维阵列版图匹配

1. 简单二维阵列

二维阵列（通常称为交叉耦合对）的匹配特性一般优于一维阵列，它能够更好消除梯度的影响，这是由于二维阵列具有更好的紧凑性和分散性。图 7-6 是一个简单的二维阵列，版图实现使用交叉形式：$\begin{pmatrix} AB \\ BA \end{pmatrix}$。这样版图不仅排布紧凑，而且满足了方向性规则，主要是由于每个匹配晶体管的两个段方向相反所致。

2. 复杂二维阵列

这种版图适合相对较小尺寸的两个 MOS 晶体管匹配。如果是大尺寸交叉耦合对，使用上述布局，随着阵列变大，会由于缺乏分散性而导致匹配不好。可以把匹配晶体管分成四段、六段或更多。排列成二维阵列：$\begin{pmatrix} ABBA \\ BAAB \end{pmatrix}$、$\begin{pmatrix} ABAABA \\ BABBAB \end{pmatrix}$。图 7-7 所示为 $\begin{pmatrix} ABAABA \\ BABBAB \end{pmatrix}$ 阵列二维共质心版图。

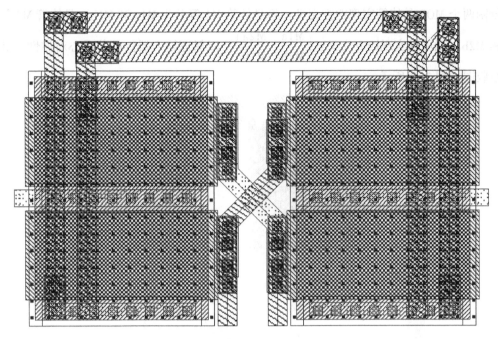

图 7-6　交叉耦合 MOS 晶体管

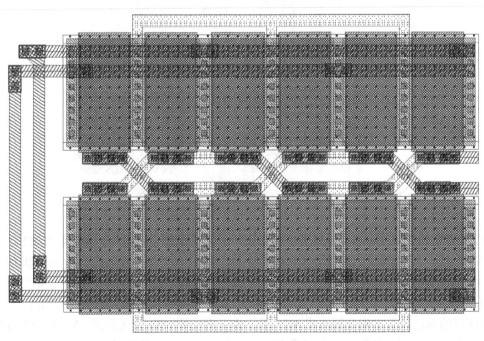

图 7-7　二维共质心版图

3. 四方交叉二维阵列

对于如图 7-8 所示的放大器差分对电路，两个 MOS 晶体管

需要匹配设计，采用 $\begin{pmatrix} AB \\ BA \end{pmatrix}$ 叉指结构。

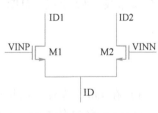

图 7-8　差分对电路

分割两个 MOS 晶体管实现四方交叉：将晶体管 M1 等分为 M1a 和 M1b，晶体管 M2 等分为 M2a 和 M2b，就可以实现四方交叉：$\begin{pmatrix} M1a & M2a \\ M2b & M1b \end{pmatrix}$，以保证输入器件的共质心对称性，其二维共质心版图如图 7-9 所示。

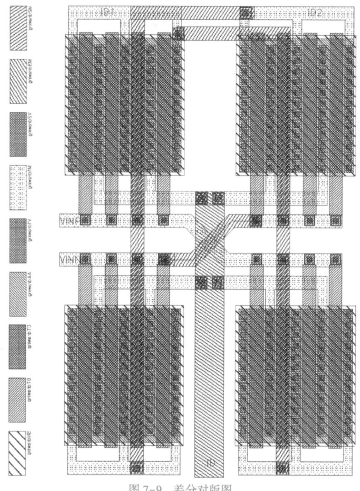

图 7-9　差分对版图

由于全部电流都要通过输入晶体管中的每一个，为了承受这一电流，在 M1 和 M2 之间的金属布线需要达到一定的宽度，两条金属布线连接 M1 和 M2 的源极，并且从 M1b 和 M2b 的中间向下，这样，M1 导通时电流将通过 M1a 和 M1b（即它的两半）把电流向下送到中心导线中。

M1 和 M2 的宽长比很大，M1a、M1b、M2a 和 M2b 都采用多晶体管并联的结构。这四个 MOS 晶体管的源已经连接到金属布线 MT1 了，为了避免和 MT1 交叉短路，M1 和 M2 的漏极要用金属布线 MT2 连接。MT2 有较多通孔和比较宽的导线，使电流能够顺利通过。

任务实践：版图匹配设计

1. MOS 晶体管叉指结构版图

1）在 Linux 操作系统里面启动 Cadence 设计系统。启动完成以后，在启动窗口依次选择"Tools"→"Library Manager"，弹出

7-1　MOS 晶体管匹配版图 1

"Library Manager"(库管理)窗口。

2)在库管理窗口上,选中自己的库 LL,打开 PCELL_PARALLEL 版图,确保掺杂区是 SN,生成 PCELL,保存。

7-1 MOS 晶体管匹配版图2

3)然后另存为一个新的版图,名字为 PCELL_PARALLEL_ NMOS;再修改掺杂区 SN 为 SP,生成 PCELL,保存。另存为一个新的版图,名字为 PCELL_PARALLEL_PMOS。

4)然后,新建一个 Cell,并建一个 Cell 名为 MOS_IDS 的叉指结构版图(Interdigital Structure Layout)。

7-1 MOS 晶体管匹配版图3

5)弹出版图设计窗口。在版图设计窗口中选择图层 LSW 窗口,设置有效的设计图层。然后设置捕获格点 X 轴、Y 轴均为 0.05。

6)在版图设计窗口里插入一个 PMOS 晶体管的 PCELL 单元 PCELL_PARALLEL_PMOS。设置长为1,宽为10,栅数量 numgates 为10,表示每个 MOS 晶体管长为 1 μm,宽为 10 μm,并联 10 个(即 MOS 晶体管长 1 μm,宽 100 μm),并联采用叉指结构。

7)把所有 MOS 晶体管的栅用金属布线 M1 连接起来,先画栅接触孔,再连线,布线宽度为 1 μm;然后把所有 MOS 晶体管的源极用金属布线 M1 连接起来,布线宽度为 1 μm;再把所有 MOS 晶体管的漏极用金属布线 M2 连接起来,先画通孔 V1,再连线,布线宽度为 1 μm。注意金属布线间距。

图 7-10

8)清除标尺,保存。

设计好的 PMOS 晶体管叉指版图如图 7-10 所示。

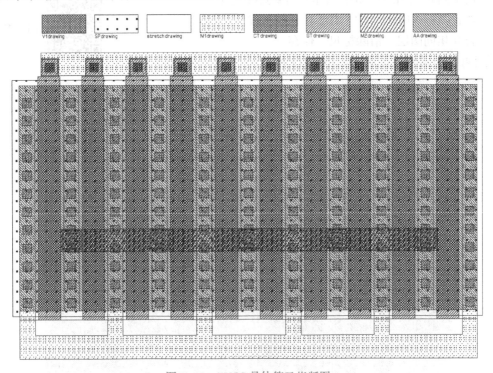

图 7-10　PMOS 晶体管叉指版图

开始版图规则验证。直到版图和所有规则都没有冲突和错误,就完成了 DRC 验证。出现的这个错误是由于没有画 N 阱,可以忽略。关闭 DRC 窗口。

2. MOS 晶体管电流镜版图

（1）电路图设计

在库管理窗口上，新建一个 Cell，并建一个 Cell 名为 MOS_ CMML 的电流镜电路图。在电路原理图设计窗口，画电流镜电路图，两个 MOS 晶体管均为长 1 μm，宽 50 μm，画好后，保存。关闭这个窗口。电流镜电路如图 7-11 所示。

图 7-11　电流镜电路

（2）版图设计

1）新建一个 Cell，并建一个 Cell 名为 MOS_CMML 电流镜匹配版图（Current Mirror Matching Layout）。

2）弹出版图设计窗口。在版图设计窗口里可以插入一个 PMOS 晶体管的 PCELL 单元 PCELL_PARALLEL_PMOS。设置长为 1，宽为 10，栅数量 numgates 为 10，用来设计电流镜匹配的两个 MOS 晶体管。两个 MOS 晶体管均为长 1 μm，宽 10 μm，并联 5 个（即 MOS 晶体管长 1 μm，宽 50 μm）。

3）版图匹配结构采用 ABBAABBAAB 的叉指结构。把两个 MOS 晶体管的栅分别用金属布线 M1 连接起来，先画栅接触孔，再连线，布线宽度为 1 μm。

4）把所有 MOS 晶体管的源极用金属布线 M1 连接起来，布线宽度为 1 μm。

5）把两个 MOS 晶体管的漏极分别用金属布线 M2 连接起来，先画通孔 V1，再连线，布线宽度为 1 μm。注意金属布线间距。

6）用金属布线 M2 把 MOS 晶体管栅漏短接连接一下。

7）放置图标 VDD!、ID1、ID2 在相应布线上。

8）合并相同图层，清除标尺，保存。

图 7-12

设计好的电流镜匹配版图如图 7-12 所示。

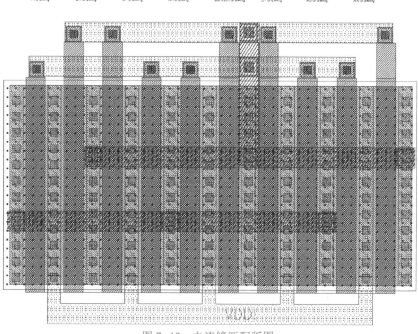

图 7-12　电流镜匹配版图

开始版图规则验证。直到版图和所有规则都没有冲突和错误，就完成了 DRC 验证。出现的这个错误是由于没有画 N 阱，可以忽略。关闭 DRC 窗口。

3. MOS 晶体管差分对版图

（1）电路图设计

在库管理窗口上，新建一个 Cell，并建一个 Cell 名为 MOS_DPML 的差分对电路图。在电路原理图设计窗口，画差分对电路图，两个 MOS 晶体管均为长 1 μm，宽 80 μm，画好后，保存。关闭这个窗口。设计好的差分对电路如图 7-13 所示。

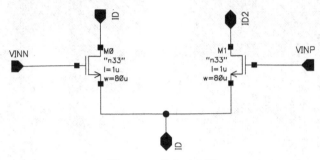

图 7-13　差分对电路

（2）版图设计

1）新建一个 Cell，并建一个 Cell 名为 MOS_DPML 差分对匹配版图 (Difference Pair Matching Layout)。

2）弹出版图设计窗口。在版图设计窗口里插入两个 NMOS 晶体管的 PCELL 单元 PCELL_PARALLEL_NMOS。设置长为 1，宽为 10，栅数量 numgates 为 8，用来设计差分对匹配的两个 MOS 晶体管。两个 MOS 晶体管均为长 1 μm，宽 10 μm，并联 8 个（即 MOS 晶体管长 1 μm，宽 80 μm）。

3）版图匹配结构采用 $\begin{pmatrix} ABBAABBA \\ BAABBAAB \end{pmatrix}$ 的二维叉指结构。把两个 MOS 晶体管的栅分别用金属布线 M1 和 M2 连接起来，先画栅接触孔，再连线，布线时使用 Path 绘图工具，布线宽度为 1 μm，适当调整布局和布线位置，注意布线间距。

4）把所有 MOS 晶体管的源极用金属布线 M1 连接起来，布线宽度为 1 μm。

5）把两个 MOS 晶体管的漏极分别用金属布线 M2 连接起来，先画通孔 V1，再连线，布线宽度为 1 μm。注意金属布线间距。

6）放置图标 VINP、VINN、ID1、ID2、ID 在相应布线上。

7）合并相同图层，清除标尺，保存。

设计好的差分对版图如图 7-14 所示。

开始版图规则验证。直到版图和所有规则都没有冲突和错误，就完成了 DRC 验证。关闭 DRC 窗口。

4. 多个 MOS 晶体管电流镜对版图

（1）电路图设计

1）在库管理窗口上，新建一个 Cell，并建一个 Cell 名为 MOS_CMML3 的电流镜电路图。

2）在电路原理图设计窗口，画电流镜电路图，三个 MOS 晶体管均为长 1 μm，宽 30 μm，画好后，保存。关闭这个窗口。

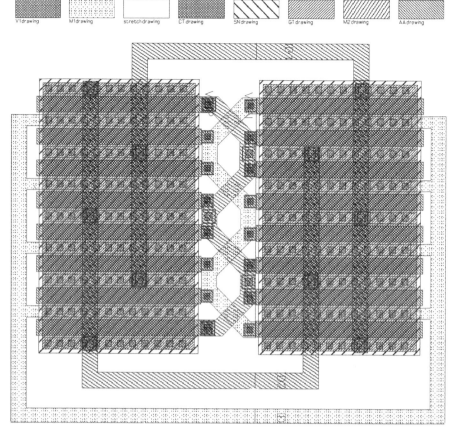

图 7-14　差分对版图

设计好的多个 MOS 晶体管电流镜电路如图 7-15 所示。

（2）版图设计

1）新建一个 Cell，并建一个 Cell 名为 MOS_CMML3 的电流镜匹配版图。

2）弹出版图设计窗口。在版图设计窗口里插入一个 NMOS 晶体管的 PCELL 单元 PCELL_PARALLEL_NMOS。设置长为 1，宽为 10，栅数量 numgates 为 6，用来设计电流镜匹配的两个 MOS 晶体管。两个 MOS 晶体管均为长 1 μm，宽 10 μm，并联 3 个（即 MOS 晶体管长为 1 μm，宽为 30 μm）。

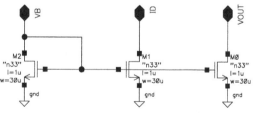

图 7-15　多个 MOS 晶体管电流镜电路

3）版图匹配结构采用 ABBAAB 的叉指结构。把两个 NMOS 晶体管的栅分别用金属布线 M1 连接起来，先画栅接触孔，再连线，布线宽度为 1 μm。

4）把所有 MOS 晶体管的源极用金属布线 M1 连接起来，布线宽度为 1 μm。

5）把两个 MOS 晶体管的漏极分别用金属布线 M2 连接起来，先画通孔 V1，再连线，布线宽度 1 μm。注意金属布线间距。

6）插入一个 NMOS 晶体管的 PCELL 单元 PCELL_PARALLEL_NMOS。设置长为 1，宽为

10，栅数量 numgates 为 3，用来设计输出 NMOS 晶体管。MOS 晶体管长为 1 μm，宽为 10 μm，并联 3 个（即 MOS 晶体管长为 1 μm，宽为 30 μm）。

7）版图匹配结构采用叉指并联结构。把 NMOS 晶体管的栅用金属布线 M1 连接起来，先画栅接触孔，再连线，布线宽度 1 μm。

8）把 NMOS 晶体管的源极用金属布线 M1 连接起来，布线宽度为 1 μm。

9）把所有 MOS 晶体管的漏极用金属布线 M2 连接起来，先画通孔 V1，再连线，布线宽度为 1 μm。注意金属布线间距。补充电流镜 MOS 晶体管的栅漏短接连线，用 M2 布线。

图 7-16

10）放置图标 GND!、VOUT、VB、ID 在相应布线上。

11）合并相同图层，清除标尺，保存。

设计好的多个 MOS 晶体管电流镜版图如图 7-16 所示。

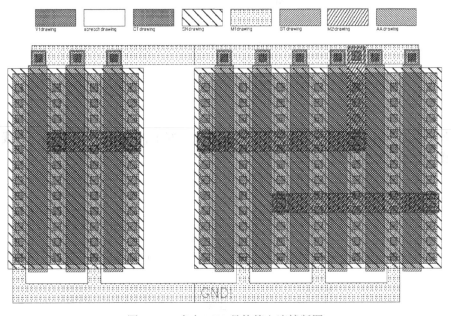

图 7-16　多个 MOS 晶体管电流镜版图

开始版图规则验证。直到版图和所有规则都没有冲突和错误就完成了 DRC 验证。

任务 7.2　放大器电路图与版图

7.2.1　放大器电路图

如图 7-17 中给出的是一个基本的二级运算放大器电路，该电路由一个差分放大器（差分输入晶体管对由 M2 和 M3 构成，尾电流源由晶体管 M5 和 M7 构成，电流镜负载由晶体管 M0 和 M1 构成）和一个 PMOS 共源放大器（晶体管 M2 是放大管，晶体管 M6 是电流源负载）构成的基本二级放大器电路。

图 7-17 中，M2 晶体管的栅极直流偏置电压是 M0 晶体管与 M1 晶体管的 V_{SG}（$V_{SG0} = V_{SD1}$），这样，第一级差分放大与第二级共源放大具有相同大小的电流。电流源基准电压由电

阻 R1 和 M7 晶体管构成，再由 M7、M5、M6 构成的电流镜像电路，提供给差分对尾电流和第二级的负载电流。同时增加了补偿网络，由一个米勒补偿电容 C0 和一个消除零点电阻 R0 构成。补偿网络是在输出和第二级 M2 晶体管的输入之间跨接实现的。此二级放大电路结构简单，基准电阻 R1 可能不稳定，可以设计带隙基准提供稳定的电压。由于这个运放没有输出缓冲器，因此在驱动容性负载及非常大的电阻性负载时受到一定的限制。

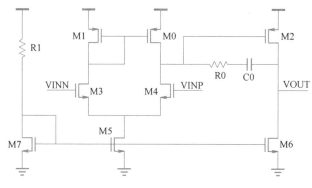

图 7-17　放大器电路

7.2.2　放大器版图布局

　　放大器各组成单元的版图本章前面小节都已经设计好了，下面任务是布局与布线。放大器版图布局图如图 7-18 所示。

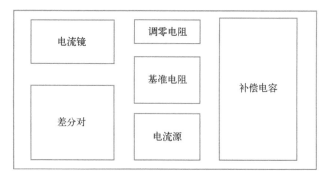

图 7-18　放大器版图布局图

　　差分对使用二维共质心匹配对称阵列；电流镜使用一维共质心匹配对称阵列；电流源使用一维共质心叉指阵列；补偿电容使用 PIP 电容；基准电阻和调零电阻使用多晶硅电阻。所有单元版图都加保护环。

任务实践：放大器版图设计

1. 放大器电路图

　　1）在 Linux 操作系统里面启动 Cadence 设计系统。启动完成以后，在启动窗口依次选择 "Tools" → "Library Manager"，弹出 "Library Manager"（库管理）窗口。

7-2　放大器版图

　　2）在库管理窗口上，选中自己的库 LL，新建一个 Cell，并建一个 Cell 名为 OPAMP 的电路图。在电路原理图设计窗口，画放大器电路图，电路图绘制过程参考以前的步骤，最后保存。关闭这个窗口。

设计好的放大器电路如图 7-19 所示。

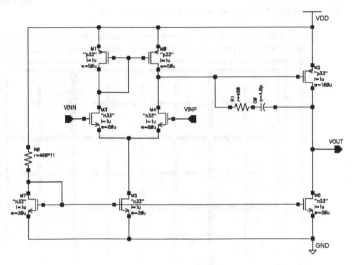

图 7-19　放大器电路

2. 放大器版图

1）在 OPAMP 的 Cell 里新建一个版图，弹出版图设计窗口。然后在 LSW 窗口选择"Edit"→"Load"，弹出窗口选择"File"，名字填写 LLdisplay. drf，然后单击"OK"按钮。再设置捕获格点 X 轴、Y 轴均为 0.05。

2）开始画 OPAMP 运放版图。说明一下，版图设计容量挺大，很多版图单元前面都做过了，这里只需要调用插入一下就可以了，这里只给出一些关键步骤介绍，详细画版图过程略去。

3）先布局，插入前面做好的多晶硅电阻、电容和 MOS 晶体管等版图。

4）布局做好后，画保护环。

5）选择菜单"Create"→"Multipart Path"，再按快捷键〈F3〉，弹出窗口中，选择"Load Template"，弹出窗口中，单击 Browse，分别依此选择以前做好的四个文件：LL. mpp. NRING1. il、LL. mpp. NRING2. il、LL. mpp. PRING1. il、LL. mpp. PRING2. il，加载完成后，在 MPP Template 里就可以选择画这四种保护环版图了。先选择 NRING1 画保护环版图包围电容。N 型保护环要画在 N 阱区里。再画电阻保护环、MOS 晶体管保护环，最后画整个单元版图的保护环。

6）保护环做好后，进行布线设计。放置输入、输出、电源、地的图标在相应的布线上。

7）清除标尺，保存。

设计好的放大器版图如图 7-20 所示。

3. 放大器版图验证

1）版图规则验证。直到版图和所有规则都没有冲突和错误，就完成了 DRC 验证。关闭 DRC 验证窗口。

2）版图和电路图对比 LVS 验证。启动 LVS，加载对应验证文件，在"Inputs"的"Netlist"

里选中"Export from schematic viewer",运行 LVS。运行结果中,有几项不匹配,是由于电路原理图导出网表文件时,模型名错误。修改网表文件中所有的 CP 为 CPIP、RP 为 RPP2、PM 为 P33、NM 为 N33,然后保存。回到"Netlist"中,取消选中"Export from schematic viewer"。

图 7-20

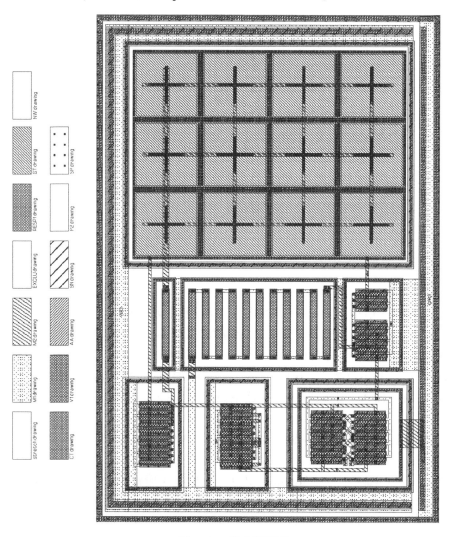

图 7-20　放大器版图

最后再次运行 LVS,直到版图和电路图对比结果中,没有冲突和错误就完成了 LVS 验证。关闭 LVS。

任务 7.3　版图后仿真

7.3.1　后仿真定义

在版图设计完成之前对电路进行的仿真是比较理想的仿真(并不包含任何物理信息,如寄生效应、互连延迟等),称为前仿真。但随着工艺的不断进步,寄生效应如寄生电阻、寄生电容以及互连延迟对电路带来的性能影响已经不容忽视,因此集成电路设计时需要进行后仿真。

后仿真指的是版图设计完成以后，将寄生参数、互连延迟等信息提取到电路网表中进行仿真，并对电路进行分析改进，确保电路符合设计要求的操作。后仿真所使用的方法与前仿真方法相同，不同的是后仿真时电路参数加入寄生参数以及互连延迟。如果后仿真能够获得正确的结果，就可以将版图数据进行流片了。

7.3.2　后仿真方法

Calibre xRC 是集成电路后端设计版图寄生参数提取工具，提供晶体管级、逻辑门级和混合信号级寄生参数提取。对于模拟电路或者小型模块的设计，Calibre xRC 提供高度的精确性以及与 Cadence 版图设计环境之间的高度集成。另外，Cadence 环境里集成了 Spectre 的强大仿真功能，可对电路进行精确的仿真。

一般寄生参数有寄生电阻、寄生电容和寄生电感等，其中寄生电阻和寄生电容对电路的影响最为明显。在版图中，各导电层如金属布线、多晶硅等及导电层之间的接触孔只要有电流通过就会有寄生电阻。两层导电层之间也会存在寄生电容，寄生电容一般可分为本征电容和耦合电容两种，本征电容指的是导电层到衬底的电容；耦合电容指的是导电层在不同布线之间的电容。

电路中寄生参数的存在给电路的工作造成了一定的影响，寄生电阻的存在会影响到电路的功耗，寄生电容、电感会影响电路中的信号完整性等。所以在版图完成后，必须提取版图中的寄生参数，然后进行后仿真，以此来检查版图设计的正确性。

下面对本书设计的放大器版图，运用 Calibre xRC 提取出带寄生参数的电路原理图，在 Cadence 环境里直接用 Spectre 对电路进行后仿真。需要注意的是，Calibre xRC 启动入口是 Calibre PEX。

任务实践：版图后仿真操作

1. 放大器电路图

7-3　后仿真

1）在 Linux 操作系统里面启动 Cadence 设计系统。启动完成以后，在启动窗口依次选择 "Tools" → "Library Manager"，弹出 "Library Manager"（库管理）窗口。

2）在库管理窗口上，选中自己的库 LL，打开放大器 OPAMP 版图。

2. 版图参数提取和后仿真

1）版图设计窗口单击 "Calibre" → "Run PEX"。启动 PEX，加载对应参数提取文件，Output 选项里提取类型 Extraction Type 选择 R+C+CC（表示抽取：寄生电阻 R，到 sub 的寄生电容 C，和 device 以及金属线之间的寄生电容 CC）。Netlist 选项卡中，Format 选择 CALIBRE-VIEW，Use Names From 选择 SCHEMATIC。如图 7-21 所示。

2）在 "Calibre PEX" 主窗口，单击 Setup，选中 "PEX Options"，在 PEX Options 选项里 "Netlist" 选项卡中："Ground node name" 填写 "GND!"；LVS Options 选项卡中："Power and Ground nets" 分别填写 "VDD!" 和 "GND!"，如图 7-22 所示；Connect 选项卡中：选中 "Don't connect nets by name"。

3）运行 PEX。在弹出的 "Calibre View Setup" 对话框中，Calibre View Type，单击 "schematic；Open Calibre Cellview" 选中 "Edit-mode"，如图 7-23 所示。其他不进行修改，然后单击 "OK" 按钮。

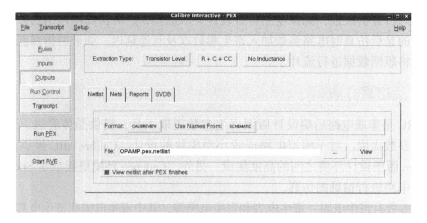

图 7-21　PEX 输出设置

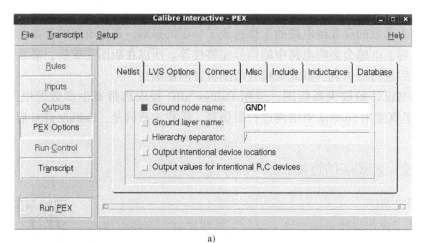

图 7-22　PEX 选项

a）网表名　b）LVS 选项

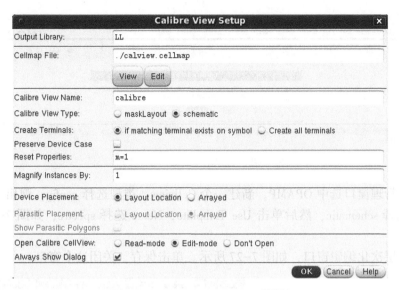

图 7-23 Calibre View Setup 对话框

4）弹出"Map Calibre Device"对话框，器件 Device：n33 的 Cell 选择 nmos4，然后单击 Auto Map Pins，如图 7-24 所示。设置好以后，单击"OK"按钮。

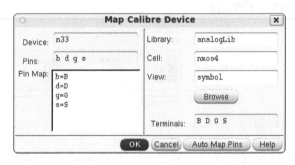

图 7-24 Map Calibre Device 对话框

5）弹出下一个窗口，器件 Device：p33 的 Cell 选择"pmos4"，然后单击"Auto Map Pins"，设置好以后，单击"OK"按钮。

6）弹出下一个窗口，器件 Device：cpip 的 Cell 选择"cap"，然后单击"Auto Map Pins"，设置好以后，单击"OK"按钮。

7）弹出下一个窗口，器件 Device：rpp2 的 Cell 选择"res"，然后单击"Auto Map Pins"，设置好以后，单击"OK"按钮。

8）弹出下一个窗口，器件 Device：c 的 Cell 选择 cap，然后单击"Auto Map Pins"，设置好以后，单击"OK"按钮。

9）弹出下一个窗口，器件 Device：r 的 Cell 选择 res，然后单击"Auto Map Pins"，设置好以后，单击"OK"按钮。

10）关闭这个窗口。器件匹配只进行一次，以后就不用做了。

11）等待运行一段时间，弹出"Calibre Info"对话框，如图 7-25 所示，进行关闭操作。

12）同时弹出 Map Calibre Device 窗口，如图 7-24 所示，进行保存操作。

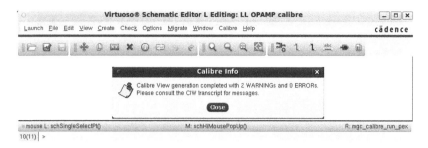

图 7-25　Calibre Info & View 窗口

13）在库管理窗口选中 OPAMP，新建一个 Cellview，类型选择 config，弹出一个新配置的窗口，View 选择 schematic，然后单击 Use Template，Name 选择 spectre，如图 7-26 所示，单击 OK。

14）弹出层次化编辑窗口，如图 7-27 所示。单击保存，关闭这个窗口。

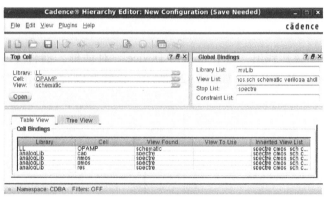

图 7-26　Use Template 窗口

图 7-27　层次化编辑窗口

15）打开 OPAMP 电路原理图窗口，创建一个 Cellview，合理调整引脚的上下左右位置，弹出 Symbol 窗口，可以做一些调整，然后单击保存，关闭这个窗口。

16）回到库管理窗口，新建一个 Cell，并建一个名字为 OPAMP_PLS（post-layout simulation）的版图后仿真电路图。弹出电路图窗口，插入刚做好的 OPAMP 的 Symbol，然后画电源、信号源等，并进行相关参数设置，最后用线网名进行连线，如图 7-28 所示，保存。

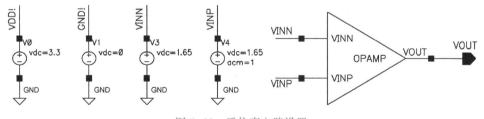

图 7-28　后仿真电路设置

17）再次回到库管理窗口，在 OPAMP_PLS 里新建一个 Cellview 的配置文件 config，弹出一个新配置的窗口，View 选择 schematic，然后单击 Use Template，Name 选择 spectre，单击 OK。弹出层次化编辑窗口，Table View 项里，OPAMP 这一栏中 View To Use 填写 calibre，如图 7-29 所示。单击保存，关闭这个窗口。

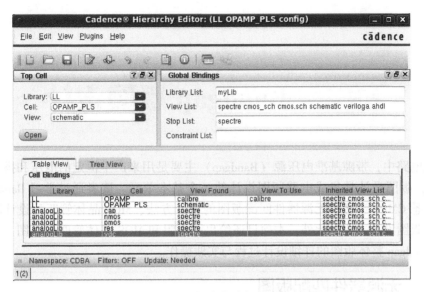

图 7-29　层次化编辑窗口

18）回到库管理窗口，打开 OPAMP_PLS 的 config 窗口，按快捷键〈E〉打开 OPAMP 的 calibre 提取电路图，查看一下，按快捷键〈Ctrl+E〉返回上一级。

19）启动 ADE，进行相关放大器频率响应仿真设置，运行后仿真。再打开 OPAMP 中的 schematic，启动 ADE，设置和运行前仿真。对比前、后频率响应仿真结果，如图 7-30 所示。

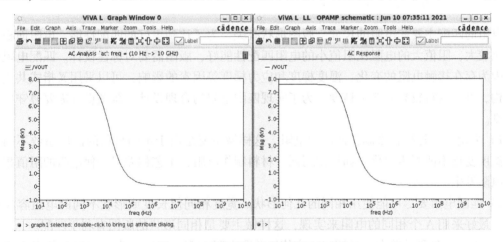

图 7-30　前仿真与后仿真的频率响应

思考与练习

对前面设计的反相器版图进行后仿真，要求：验证前仿真和后仿真的瞬态响应。

项目 8   Bandgap 版图设计

在集成电路中，带隙基准电压源（Bandgap）主要是用来产生恒定的电压和搭建偏置电路的。Bandgap 版图设计是集成电路版图设计的一个基本单元。读者通过学习 Bandgap 版图设计，可以熟悉 CMOS 工艺中无源器件匹配版图的设计方法、MOS 晶体管匹配设计的方法和双极晶体管的版图设计方法。此外，本项目还给出了电阻和 MOS 晶体管匹配版图、双极晶体管版图以及 Bandgap 整体版图的详细设计过程与实践操作。

任务 8.1   无源器件匹配版图

CMOS 制造工艺中元器件参数精度不可能做得很高，其电阻和电容的误差一般很大。集成电路的精度和性能通常取决于元器件匹配度，匹配度直接影响了最终电路的性能，而匹配度主要由制造工艺和版图匹配设计决定。

8.1.1   电阻匹配版图

电阻的匹配主要和电阻的尺寸、版图形状有关。为了达到更好的匹配性能，电阻面积一般做得比较大，阻值大的电阻比阻值小的电阻匹配性能好，版图需要对称性设计。匹配电阻的设计，因为存在接触电阻的变化、温度梯度和应力梯度等因素的影响，可以采用叉指式共质心对称结构，可以获得较高的匹配精度。为了实现匹配电阻的合理设计，版图设计需要遵守以下一些规则。

1）采用同一种材料来制作匹配的电阻。这样做主要是由于不同材料的温度系数不同，电阻随温度变化不能同步变化。如果使用同一材料制作电阻，工艺偏差只会使电阻的阻值相对于另外电阻发生小的改变。

2）匹配电阻要尽可能使用相同的几何形状。宽度相同但长度或形状不同的电阻容易产生失配。最好采用 N 个相同的电阻来实现，这样做主要是相同形状的版图有利于匹配。

3）匹配电阻要足够大、足够宽。应使用并联电阻实现小电阻。多晶硅电阻的宽度最小不能低于工艺所允许的最小尺寸。

4）匹配电阻保持同一方向放置。晶向不同可能带来微小的电阻值变化，扩散电阻与晶向的关系最大，多晶硅电阻受影响较小。匹配电阻应该水平或是垂直摆放。

5）匹配电阻要邻近摆放。失配随着间距的增加而增加。

6）匹配电阻阵列要做成叉指结构。匹配电阻阵列版图要具有共质心。元器件的质心一定位于版图的任意一个对称轴上，如矩形版图和哑铃形状版图的质心位于它的正中心。

电阻元器件叉指阵列匹配如何设计？首先查看这些元器件值是否有最大公因子。如两个阻值分别为 20 Ω 和 25 Ω 的电阻，它们有一个最大公因子 5。那么，阵列就可以由一系列等于最大公因子 5 的分段组成。因此，这个阵列就可以分成 9 段，每段 5 Ω。如元器件分组没有最大公因子，可以使用最小元器件的值作为分段值，根据这个最小值来确定其他元器件的分段数。

7）不要使用较短的电阻分段，因为接触电阻的影响较大，并且每个电阻段的长度至少是其宽度的 5 倍以上。

8）匹配电阻阵列的两端放置虚拟电阻（Dummy Resistor，也叫伪电阻）。

多晶硅电阻阵列并排摆放时，一般阵列边缘电阻段会受到由工艺引起的刻蚀速度变化的影响，为了保证刻蚀一致性，在匹配电阻阵列的两边增加虚拟电阻。虚拟电阻版图如图 8-1 所示。虚拟电阻没有接任何电极，仅仅摆放在阵列两边，如图 8-1a 所示。多晶硅虚拟电阻一般不要求具有与其他分段相同的宽度，可以比受保护的电阻阵列的分段电阻宽度小。虚拟元器件应该与邻近分段元器件具有相同的版图图形；虚拟元器件与其相邻分段电阻的间距和其他分段元器件的固定间距相同。为了消除虚拟电阻上的静电积累，通常虚拟电阻两端增加接触孔并接地，如图 8-2b 所示。

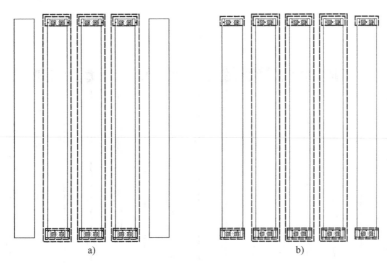

图 8-1　虚拟电阻版图

a）未接地虚拟电阻　b）接地虚拟电阻

9）分段串联电阻阵列匹配连接时应使两个方向摆放的电阻段数目相同。

图 8-2a 所示的阵列电阻由偶数个电阻分段组成，一半沿一个方向，另一半沿另一个方向连接。如果电阻是奇数分段，那么就有一个电阻分段不能匹配。对于单个的电阻阵列，尽量不要包含不配对的电阻分段。对于折叠电阻，应该使它们的两个接触孔相互靠近以减少热电效应。图 8-2b 为接触孔相互靠近的一个折叠电阻版图。

10）分段的电阻优于折叠电阻。折叠电阻一般适用于高阻值、低匹配的电阻或者可以修正的电阻的情况。

11）匹配电阻要尽量远离功率元器件放置，并且要在功率元器件的对称轴上排布版图。若要靠近功率元器件，匹配电阻采用叉指结构。

12）优选多晶硅电阻，扩散电阻其次。因为多晶硅电阻可以做得长而窄，所以可以不需要隔离。

13）匹配电阻布线跨过各个匹配电阻时，必须要用相同的方式来跨过，如图 8-3 所示。

14）各个匹配电阻的上方尽量避免与之没有连接的布线，以免引入噪声到电阻。在关键的匹配电阻上面最好不要布线，若布线时必须跨过匹配电阻，一般要加屏蔽隔离。

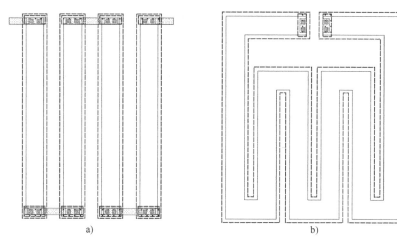

a)   b)

图 8-2 串联电阻阵列版图

a）电阻偶数段版图   b）接触孔相互靠近版图

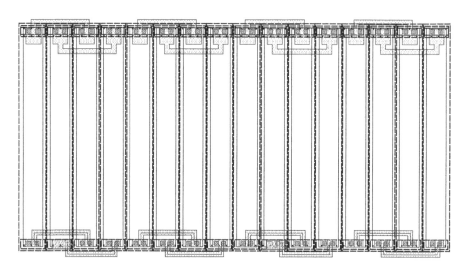

图 8-3 匹配电阻布线版图

8.1.2 电容匹配版图

一般模/数转换器和数/模转换器中要用到电容匹配，以下是一些匹配电容的规则。

1）匹配电容应该采用相同的图形。

大电容由匹配电容并联构成，小电容由较少的匹配电容构成。CMOS 工艺中，存在一个最佳的匹配电容，一般正方形的最佳电容匹配尺寸在 $20\,\mu m \times 20\,\mu m \sim 50\,\mu m \times 50\,\mu m$ 之间，这个尺寸视工艺条件而定。如有一个 $10000\,\mu m^2$ 的电容，那么用 $20\,\mu m \times 20\,\mu m$ 的正方形图形，就需要 25 个这样的匹配电容。如果所设计的电容不能刚好划分出整数个匹配电容，那么就会有一个非匹配的电容加入匹配的阵列中，这个非匹配电容的宽长比不要超过 1.5∶1。

2）匹配电容的图形一般采用正方形。匹配较低的电容可以使用宽长比为 2∶1 或 3∶1 的矩形来绘制。不要使用怪异的图形来绘制电容版图。

3）匹配电容应该相邻摆放。

如果有多个电容需要匹配，那么就应该把它们排布成一个宽长比尽可能小的矩形阵列，正方形最好。如果有 25 个匹配电容，那么可以用 5×5 匹配电容阵列；还可以使用 4×7 匹配电容阵列，这样就多余出 3 个匹配电容，可以作为虚拟电容。虚拟电容一般可以沿着阵列电容的外围放置。虚拟电容与邻近匹配电容的间距应该为匹配电容阵列的行间距。匹配电容阵列的相邻行应该具有相同的间距，相邻列也应该具有相同的间距，行与列的间距不做要求。

4）对匹配电容阵列进行静电屏蔽设置。

静电屏蔽可以减弱电场对匹配电容阵列的干扰和噪声注入。如果多晶硅-多晶硅电容做在 N 阱里，并且采用匹配电容并联结构，那么，可以在多晶硅电容上覆盖金属布线作为静电屏蔽层，N 阱和金属布线层均接地。

5）交叉耦合电容阵列。电容阵列一般由若干行若干列构成，对于两个等值的电容，每个电容可以分为两个匹配电容，那么交叉耦合电容阵列由每个电容的两个匹配电容各占一角构成。

任务实践：电阻匹配版图设计

1. 电阻匹配结构版图 1

（1）电路图设计

8-1　电阻匹配版图

1）在 Linux 操作系统里面启动 Cadence 设计系统。启动完成以后，在启动窗口依次选择 "Tools" → "Library Manager"，弹出 "Library Manager"（库管理）窗口。

2）在库管理窗口上，选中自己的库 LL，新建一个 Cell，并建一个 Cell 名为 RES_M_10K_ 100K 的电路图。

3）在电路原理图设计窗口，画两个需要匹配的电阻 A 和电阻 B 的电路图，电路图绘制过程参考以前的步骤，最后保存。关闭这个窗口。

设计好的电阻匹配电路如图 8-4 所示。

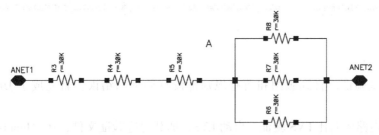

图 8-4　电阻匹配电路图 1

然后在这个 Cell 里新建一个版图，弹出版图设计窗口。然后在 LSW 窗口单击 Edit 后，选择 Load。在弹出的窗口选择 File，名字填写 LLdisplay.drf，然后单击 "OK" 按钮。再设置捕获格点 X 轴、Y 轴均为 0.05。

（2）版图设计

下面开始画电阻匹配版图。说明一下，版图设计容量很大，很多版图单元前面都已经做过，只需要调用插入一下就可以了，这里只给出一些关键步骤介绍，详细画版图过程略去。

1）插入高阻电阻 RPHRP。放置时，单元间距为 1.2 μm。

2）版图匹配结构采用 ABAABAABA 叉指结构，布局布线。

3）放置 Dummy 电阻，Dummy 电阻接地。

4）最后放置电阻 A、电阻 B、地的图标在相应的布线上。

图 8-5

5）放置 P 型保护环。

6）合并相同图层，清除标尺，保存。

设计好的电阻匹配版图如图 8-5 所示。

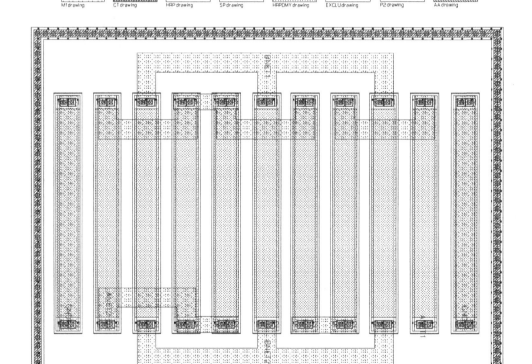

图 8-5　电阻匹配版图 1

（3）版图验证

1）版图规则验证。直到版图和所有规则都没有冲突和错误，就完成了 DRC 验证。关闭 DRC 验证窗口。

2）版图和电路图对比 LVS 验证。启动 LVS，加载对应验证文件，在"Inputs"的"Netlist"里选中"Export from schematic viewer"，运行 LVS。运行结果中，有一项不匹配，是由于电路原理图导出网表文件时，模型名错误。网表文件中所有的 RP 修改为 RPHRP，然后保存。回到"Netlist"中，取消选中"Export from schematic viewer"。

3）再次运行 LVS，直到版图和电路图对比结果中没有冲突和错误，就完成了 LVS 验证。关闭 LVS 窗口。

2. 电阻匹配结构版图 2

（1）电路图设计

1）回到库管理窗口，选中自己的库 LL，新建一个 Cell，并建一个 Cell 名为 RES_M_5K_55K 的电路图。

2）在电路原理图设计窗口，画两个需要匹配的电阻 A 和电阻 B 的电路图，电路图绘制过程参考前述步骤，最后保存。关闭这个窗口。设计好的电阻匹配电路如图 8-6 所示。

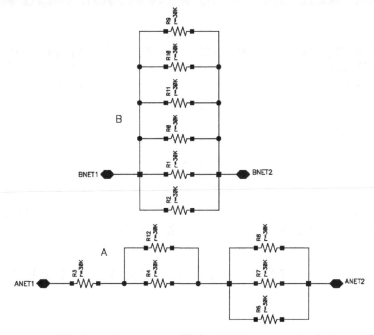

图 8-6　电阻匹配电路图 2

然后在这个 Cell 里新建一个版图，弹出版图设计窗口。

（2）版图设计

1）插入高阻电阻 RPHRP。放置时，单元间距为 1.2 μm。版图匹配结构采用 ABABABBA-BABA 叉指结构。

2）放置 Dummy 电阻，Dummy 电阻接地。

3）布局布线。

4）最后放置电阻 A、电阻 B、地的图标在相应的布线上。

5）放置 P 型保护环。

6）合并相同图层，清除标尺，保存。

设计好的电阻匹配版图如图 8-7 所示。

（3）版图验证

1）版图规则验证。直到版图和所有规则都没有冲突和错误，就完成了 DRC 验证。关闭 DRC 验证窗口。

2）开始版图和电路图对比 LVS 验证。启动 LVS，加载对应验证文件，在"Inputs"的

"Netlist"选中"Export from schematic viewer",运行 LVS。运行结果中,有一项不匹配,是由于电路原理图导出网表文件时,模型名错误。网表文件中所有的 RP 修改为 RPHRP,然后保存。回到"Netlist"中,取消选中"Export from schematic viewer"。

图 8-7

3)再次运行 LVS,直到版图和电路图对比结果中没有冲突和错误,就完成了 LVS 验证。关闭 LVS。

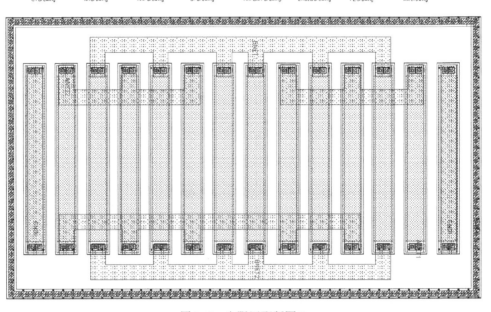

图 8-7 电阻匹配版图 2

任务 8.2 共源共栅电流镜匹配版图与启动电路版图

8.2.1 共源共栅电流镜

电流镜(Current Mirror)的主要作用就是匹配镜像电流,其镜像晶体管的源漏电压必须相等。由于 MOS 晶体管沟道长度调制效应,镜像晶体管之间的源漏电压存在电压差,镜像电流就会有偏差。如果使用共源共栅结构,其漏极输出电阻很大,那么源漏电压对输出电压变化不敏感,因此在精度要求比较高的电流镜中经常采用共源共栅结构。图 8-8a 为由 PMOS 晶体管 M1、M2 构成的基本电流镜,图 8-8b 为由 PMOS 晶体管 M3、M4、M5、M6 构成的共源共栅结构电流镜,其共栅晶体管 M5、M6 需要提供额外的偏置电压。如果晶体管尺寸一样,那么它的受控电流 I1、I2 与输入参考电流 Iref 相等,即输入和输出电流传输比等于 1。电流镜一般用来产生偏置电流或作为有源负载。

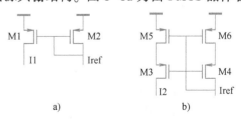

图 8-8 电流镜电路图
a)基本电流镜 b)共源共栅电流镜

8.2.2　启动电路

在所有自偏置基准电路中都有两种可能的工作状态：一种是正常工作时的状态；另外一种状态是电路中没有电流流过的状态。当电路中没有电流流过即为零电流状态，这时，需要增加一个启动电路，启动电路就是要让整个电路脱离这个零电流的平衡态。图 8-9 为一个简易启动电路，节点 A、B 接入自偏置基准电路。

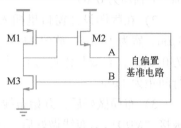

图 8-9　简易启动电路

零电流状态时，两条支路电流一直为零，整个电路处于平衡状态。基准电路处于零电流这种状态时，需要往里灌电流，使其启动。启动电路工作过程是：基准电路没有电流，图 8-9 中节点 B 为零电压，NMOS 晶体管 M3 截止；PMOS 晶体管 M1 的栅漏短接成有源电阻，因此 NMOS 晶体管 M2 导通，电流流过 M2 经节点 A 灌入基准电路，使基准电路启动；这时节点 B 电位抬升并使 M3 导通，由 M1 和 M3 构成的分压电路使 M2 的栅压降低，M2 截止，节点 A 与基准电路断开，启动电路完成启动工作。在正常工作期间，启动电路不影响基准电路的工作，流过 M2 的电流应该为零。

任务实践：电流镜匹配版图与启动电路版图设计

1. PMOS 晶体管共源共栅电流镜版图

（1）电路图设计

1）在 Linux 操作系统里面启动 Cadence 设计系统。启动完成以后，在启动窗口依次选择 "Tools" → "Library Manager"，弹出 "Library Manager"（库管理）窗口。

8-2　电流镜版图

2）在库管理窗口上，新建一个 Cell，并建一个 Cell 名为 PMOS_ML_DUM 的共源共栅电流镜电路图。

3）在电路原理图设计窗口，画电流镜电路图，PMOS 晶体管均为长 5 μm，宽 15 μm，并联 4 个。画好后，保存。关闭这个窗口。

设计好的 PMOS 晶体管共源共栅电流镜电路如图 8-10 所示。

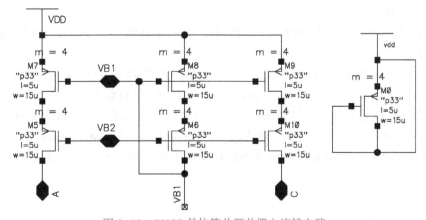

图 8-10　PMOS 晶体管共源共栅电流镜电路

（2）版图设计

1）在 PMOS_ML_DUM 这个 Cell 下新建一个电流镜匹配版图。弹出版图设计窗口。在版图设计窗口中的选择图层 LSW 窗口，下载显示有效图层文件 LLdisplay. drf。然后设置捕获格点 X 轴、Y 轴均为 0.05。

2）在版图设计窗口里插入一个 PMOS 晶体管的 PCELL 单元 PCELL_PMOS。设置其长为 5 μm，宽为 15 μm，放置 14 个，边缘两侧的晶体管为 Dummy 晶体管，每个单元的有源区间距为 0.6 μm，有效晶体管为 12 个。版图匹配结构采用 ABCCBAABCCBA 叉指结构。共放置两行，行间距为 4 μm。

3）布局做好后，开始布线，栅极和漏极用金属布线 M2 连接，Dummy 晶体管源、漏、栅极接"VDD!"。布线做好后，画 N 阱衬底保护环和 N 阱图层。

4）放置图标 VDD!、VB1、VB2、A、C 在相关布线上。

5）清除标尺，保存。

设计好的 PMOS 晶体管电流镜匹配版图如图 8-11 所示。

图8-11

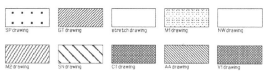

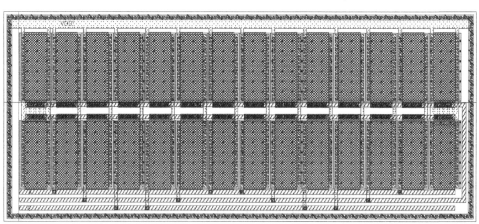

图 8-11　PMOS 晶体管共源共栅电流镜版图

（3）版图验证

1）版图规则验证。直到版图和所有规则都没有冲突和错误，就完成了 DRC 验证。关闭 DRC 验证窗口。

2）版图和电路图对比 LVS 验证。启动 LVS，加载对应验证文件，在"Inputs"的"Netlist"选中"Export from schematic viewer"，运行 LVS。运行结果中，有一项不匹配，是由于电路原理图导出网表文件时，模型名错误。网表文件中所有的 PM 修改为 P33、NM 修改为 N33，然后保存。回到"Netlist"中，取消选中"Export from schematic viewer"。

3）再次运行 LVS，直到版图和电路图对比结果中没有冲突和错误，就完成了 LVS 验证。关闭 LVS。

2. NMOS 晶体管共源共栅电流镜版图

（1）电路图设计

1）回到库管理窗口上，新建一个 Cell，并建一个 Cell 名为 NMOS_ML_DUM 的共源共栅电流镜电路图。

2）在电路原理图设计窗口，画电流镜电路图，NMOS 晶体管均为长 5 μm，宽 15 μm，并联 6 个。画好后，保存。关闭这个窗口。

设计好的电路如图 8-12 所示。

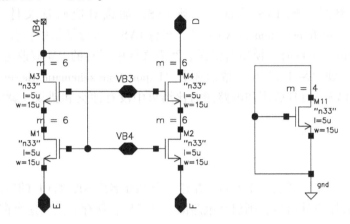

图 8-12　NMOS 晶体管共源共栅电流镜电路

（2）版图设计

1）在 NMOS_ML_DUM 这个 Cell 下新建一个电流镜匹配版图。弹出版图设计窗口。

2）在版图设计窗口里插入一个 NMOS 晶体管的 PCELL 单元 PCELL_NMOS 了。设置其长为 5 μm，宽为 15 μm，放置 14 个，每个单元的有源区间距为 0.6 μm，边缘两侧的晶体管为 Dummy 晶体管，有效晶体管为 12 个。版图匹配结构采用 ABBAABBAABBA 叉指结构。共放置两行，行间距为 4 μm。

3）布局做好后，开始布线，栅极和源极、漏极用金属布线 M2 连接，Dummy 晶体管源极、漏极和栅极接 "GND!"。布线做好后，画 P 型衬底保护环。

图 8-13

4）放置图标 GND!、VB3、VB4、D、E、F 在相关布线上。

5）清除标尺，保存。

设计好的 NMOS 晶体管电流镜匹配版图如图 8-13 所示。

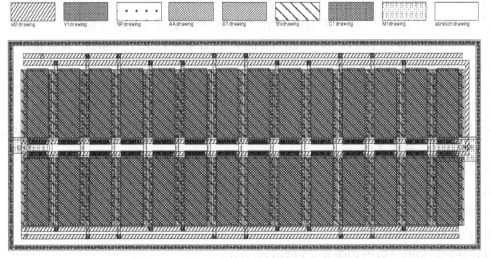

图 8-13　NMOS 晶体管共源共栅电流镜版图

（3）版图验证

1）版图规则验证。直到版图和所有规则都没有冲突和错误，就完成了 DRC 验证。关闭 DRC 验证窗口。

2）版图和电路图对比 LVS 验证。启动 LVS，加载对应验证文件，在"Inputs"的 "Netlist"选中"Export from schematic viewer"，运行 LVS。运行结果中，有一项不匹配，是由 于电路原理图导出网表文件时，模型名错误。网表文件中所有的 PM 修改为 P33、NM 修改为 N33，然后保存。回到"Netlist"中，取消选中"Export from schematic viewer"。

3）再次运行 LVS，直到版图和电路图对比结果中没有冲突和错误，就完成了 LVS 验证。关闭 LVS。

3. 启动电路版图

（1）电路图设计

1）回到库管理窗口，新建一个 Cell，并建一个 Cell 名为 STARTUP 的启动电路图。

2）在电路原理图设计窗口，画启动电路图。画好后，保存。关闭这个窗口。

设计好的启动电路如图 8-14 所示。

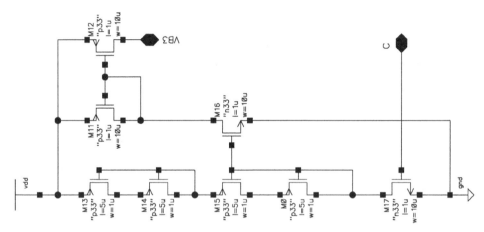

图 8-14　启动电路图

（2）版图设计

1）在 STARTUP 这个 Cell 下新建一个启动电路版图。弹出版图设计窗口。

2）在版图设计窗口里插入 PMOS 晶体管的 PCELL 单元 PCELL_PMOS。设置其长为 5 μm，宽为 1 μm，在合适位置放置 4 个。

3）插入 PMOS 晶体管的 PCELL 单元 PCELL_PARALLEL_PMOS。设置其长为 1 μm，宽为 5 μm，并联 2 个，放置 2 个。

4）插入 NMOS 晶体管的 PCELL 单元 PCELL_ PARALLEL_NMOS。设置其长为 1 μm，宽为 5 μm，并联 2 个，放置 2 个。

5）放置 P 型衬底和 N 阱图层及关联衬底。

6）布局做好后，开始布线。

7）放置图标 VDD!、GND!、VB3、C 在相关布线上。

8）清除标尺，保存。

设计好的启动电路版图如图 8-15 所示。

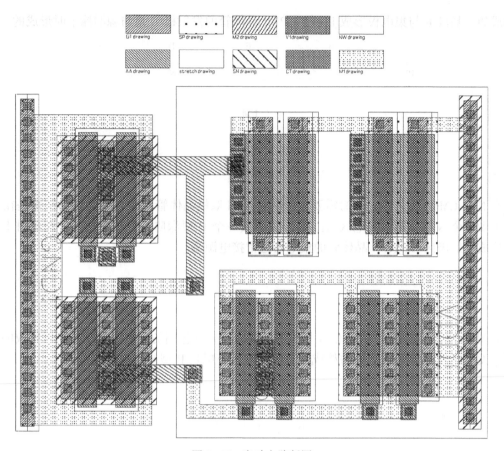

图 8-15　启动电路版图

（3）版图验证

1）版图规则验证。直到版图和所有规则都没有冲突和错误就完成了 DRC 验证。关闭 DRC 验证窗口。

图 8-15

2）版图和电路图对比 LVS 验证。启动 LVS，加载对应验证文件，在 "Inputs" 的 "Netlist" 选中 "Export from schematic viewer"，运行 LVS。运行结果中，有一项不匹配，是由于电路原理图导出网表文件时，模型名错误。网表文件中所有的 PM 修改为 P33、NM 修改为 N33，然后保存。回到 "Netlist" 中，取消选中 "Export from schematic viewer"。

3）再次运行 LVS，直到版图和电路图对比结果中没有冲突和错误，就完成了 LVS 验证。关闭 LVS。

任务 8.3　PNP 版图

8.3.1　双极晶体管工艺

双极晶体管（BJT）制作类型一般有两类：一类是纵向双极晶体管；另一类是横向双极晶体管。

N 阱 CMOS 工艺下制作双极晶体管，一般会制作纵向双极晶体管（VPNP），容易实现。

双极晶体管结构如图 8-16 所示。P 型衬底是集电极 C，P 型衬底接地；基极是与 N 阱同时形成的，基极 B 与集电极形成 PN 结；PNP 晶体管的发射极 E 是与源漏掺杂时形成的。

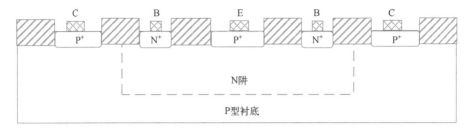

图 8-16　CMOS 工艺中双极晶体管

在 N 阱 CMOS 工艺中，有时需要设计纵向 NPN 双极晶体管，NPN 晶体管的结构是在 P 型衬底上做一个 N 阱，形成集电区 C；在 N 阱中做一个 P 型深阱，形成基区 B；在深阱上做 N 掺杂形成发射极区 E。NPN 晶体管的集电极通常接电源端。

8.3.2　双极晶体管版图

1. 简易版图

如图 8-17 所示为纵向 PNP 的简易版图，最内层方框包围的区域为 P 型掺杂区构成的发射极区；发射区外层包围的是 N 阱构成的基区；基区外层是 P 型衬底构成集电极区。

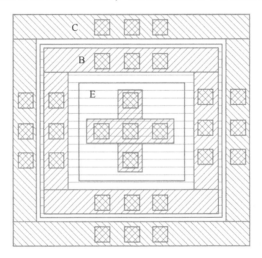

图 8-17　纵向 PNP 的简易版图

在标准 CMOS 工艺中，带隙电压基准源（Bandgap）和低压差线性稳压器（Low Dropout Regulator，LDO）电路中的 PNP 双极晶体管可以按图 8-17 所示的版图结构绘制。

2. 双极晶体管匹配版图

为了保持良好的匹配，模拟电路版图中纵向双极晶体管设计一般遵循以下规则。

1）使用相同的发射极区形状。

2）发射极区直径应该是最小允许直径的 2~10 倍。发射极区最小直径等于最小接触孔宽度加上两倍的发射极区和接触孔的交叠量。

3）增大发射极区的面积周长比。对于给定的发射极区面积，最大的面积周长比可产生最好的匹配。虽然圆形有最大的面积周长比，但八边形和方形发射极区同样可满足要求。

4）匹配双极晶体管尽可能靠近放置。

5）匹配双极晶体管版图尽可能紧凑。将发射极区排布成紧凑的版图比将其排布成一条直线的版图匹配性要好，相同尺寸的匹配双极晶体管要采用交叉耦合版图。

6）匹配比例对管或比例四管时采用 4:1 到 16:1 之间的偶数比。比例太大或太小的匹配效果都比处于一定范围内的匹配效果差。

7）匹配元器件应远离功率元器件。

8）发射极区应相互远离可以避免相互影响。

9）接触孔形状应该同发射极区形状匹配。圆形发射极区应该包含共质心的圆形接触孔；八边形应该包含八边形的接触孔；方形发射极区应包含方形接触孔。如果工艺只允许最小尺寸的方形接触孔，则可以采用方形发射极区和方形最小接触孔阵列，并且发射极区接触孔应该尽可能填满发射极区。

10）匹配且温度变化要求一致的双极晶体管，应放置在相邻、对称区域，其图形大小、方向及形状应一样。

11）对匹配要求高的晶体管，可以采用共质心对称布局方式。

在带隙基准电路中，用于产生输出基准电压的两个晶体管 Q1 和 Q2 需要精确匹配，电路图如图 8-18 所示。

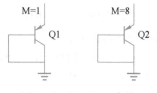

图 8-18 Bandgap 中的 PNP 晶体管

双极晶体管 Q1 和 Q2 的中心对称式版图布局，如图 8-19 所示。它们的发射极面积一般取为 1:8，其中 Q2 是由 8 个同样的晶体管并联而成，围绕在 Q1 的四周。这样布局的优点是只要所有外面一圈晶体管从应力、温度等效应上达到一致，就可以使中心的一个晶体管和外面的八个晶体管在工艺上误差最小。这种布局使得晶体管之间能更好地匹配，并且在外面加了保护环，以减小外界的干扰。

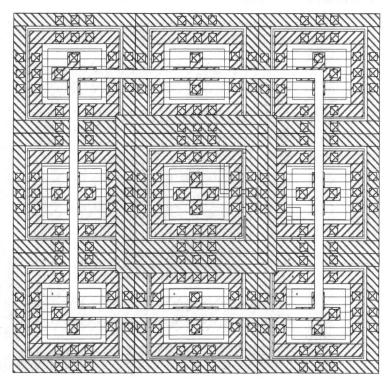

图 8-19 中心对称式版图布局

任务实践：PNP 版图设计

1. PNP 版图

1）在 Linux 操作系统里面启动 Cadence 设计系统。启动完成以后，在启动窗口依次选择"Tools"→"Library Manager"，弹出"Library Manager"（库管理）窗口。

8-3 PNP 版图

2）在库管理窗口上，新建一个 Cell，并建一个 Cell 名为 PNP 的版图。

3）弹出版图设计窗口。在版图设计窗口中的选择图层 LSW 窗口，下载显示有效图层文件 LLdisplay. drf。然后添加图层 DMPNP，保存，和原文件名一样。再设置捕获格点 X 轴、Y 轴均为 0.05。

4）开始画 PNP 的版图。用标尺确定，发射极的面积是 10 μm×10 μm。画在坐标中心。

5）先画有源区 10 μm×10 μm，在有源区布满接触孔和金属布线 M1，注意孔间距；再画掺杂区 SP 包围有源区。

6）画 N 阱接触孔，使用 Multipart Path，MPP 选中 NRING2，画一圈包围 P 型掺杂区和有源区，注意包围尺寸，这里设为 0.6 μm。

7）画 N 阱区，包围 N 阱接触孔，包围尺寸为 0.2 μm。

8）画 P 型衬底接触孔，使用 Multipart Path，MPP 选中 PRING2，画一圈包围 N 阱及关联图层，注意包围尺寸，这里设为 0.6 μm。

9）画发射极区连接通孔 V1 和金属布线 M2。

图 8-20

10）合并相同图层，清除标尺，保存。

设计好的 PNP 版图如图 8-20 所示。

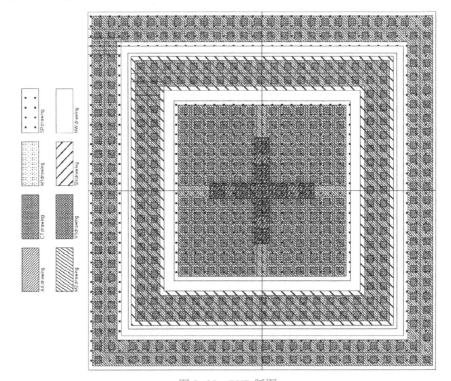

图 8-20 PNP 版图

11）版图规则验证，直到版图和所有规则都没有冲突和错误，就完成了 DRC 验证。关闭 DRC 窗口。

2. 匹配 PNP 版图

（1）PNP 电路图

1）回到库管理窗口上，新建一个 Cell，并建一个 Cell 名为 PNP_UNIT 的由晶体管构成二极管的一组电路图。

2）在电路原理图设计窗口，画电路图，插入 Cell 名为 pnp，模型名为 pnp33a100。一共画 4 个，第一个并联个数为 1，第二个并联个数为 8，第三个并联个数为 8，第四个并联个数为 1。

3）然后放置地以及引脚 D1、D2、D3，最后进行连线。画好后，保存。关闭这个窗口。
画好的 PNP 晶体管如图 8-21 所示。

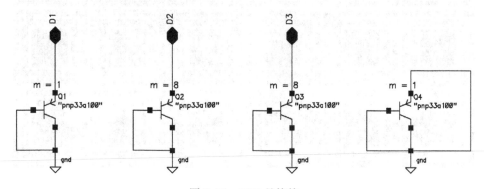

图 8-21　PNP 晶体管

（2）PNP 版图

1）在这个 PNP_UNIT 的 Cell 里新建一个版图。弹出版图设计窗口，确保设计图层 DMPNP 存在。

2）在版图设计窗口里插入 PNP 版图，放置 9 个，横、纵各 3 个，每个间距 0.6 μm。

3）布线 M1 连接所有的 N 阱衬底和 P 型衬底；布线 M2 连接中间一个 PNP 的有源区接触孔；最后布线 M2 连接（除了中间一个 PNP 以外）其他 PNP 的有源区接触孔。

4）复制这 9 个 PNP 版图，放置在一侧，修改布线 M2 连接中间一个 PNP 的有源区接触孔为：布线 M1 连接中间一个 PNP 的有源区接触孔与 N 阱衬底和 P 型衬底相连，其他不修改。

5）放置图标 GND!、D1、D2、D3 在相应布线上。

6）按快捷键〈Ctrl+F〉，隐藏 PNP 版图，查看一下金属布线是否正确合理。

7）用图层 DMPNP 包围整个版图，说明用途是 PNP 版图。

8）合并相同图层，清除标尺，保存。
设计好的 PNP 匹配版图如图 8-22 所示。

（3）版图验证

1）版图规则验证。直到版图和所有规则都没有冲突和错误，就完成了 DRC 验证。关闭 DRC 验证窗口。

2）版图和电路图对比 LVS 验证。启动 LVS，加载对应验证文件，在"Inputs"的"Netlist"里选中"Export from schematic viewer"，运行 LVS。运行结果中，有一项不匹配，是由于电路原理图导出网表文件时，模型名错误。修改网表文件中所有的 PN 为 PNP，在每个晶体管网表后面补充 AREA = 1e-10，再在 Q2、Q3 后补充 $M = 8$，然后保存。回到"Netlist"中，取消选中"Export from schematic viewer"。

图 8-22

3）再次运行 LVS，直到版图和电路图对比结果中没有冲突和错误，就完成了 LVS 验证。关闭 LVS。

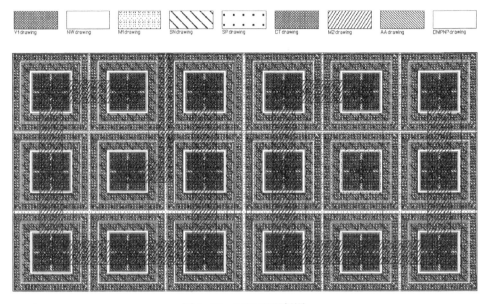

图 8-22 PNP 匹配版图

任务 8.4 Bandgap 版图

8.4.1 Bandgap 电路图

如图 8-23 所示，Bandgap 电路图中设计引入了自偏置共源共栅结构，可以避免由于 MOS 器件的沟道长度调制造成电源抑制比的下降。自偏置结构设计采用了低电压共源共栅电流镜，为了避免 M3、M4 和 M5、M6 的栅端电压使用额外偏置电压，电路中串联 R3、R4 为其提供偏置栅压，以维持所有的 MOS 晶体管都保持在饱和状态。

电路图中 Q2、Q3 尺寸相同，M1～M8 晶体管通过共源共栅电流镜像连接，使得流过 Q1、Q2 的电流相等。Q2 的发射极面积是 Q1 的 K 倍，K 等于 8。Q1 两端的电压须等于 Q2 和 R1 两端的电压之和。与 Q3 串联的电阻 R2 的阻值为与 Q2 串联的电阻 R1 的阻值的 L 倍，L 约等于 11，即：

$$R_2 = LR_1$$

那么，基准输出电压为：

$$V_{REF} = I_{R2}LR_1 + V_{Q3}$$

此时：

$$V_{REF} \approx 1.25\,V$$

图 8-23 中左侧点画线框中为启动电路。启动电路的工作过程简述如下：

当电源上电开始时刻，M12 漏端的电压上升，使自偏置环路脱离零点；随着 M12 漏端的电压的上升，延时一段时间后输出电压也在上升，那么使得 M18 的栅端电压上升，直到大于其阈值电压时，M18 饱和导通，启动电路与主电路断开，最终基准电路进入正常的工作的状态。启动电路只是在上电开始的时候才起作用，基准电路正常工作时不起作用。

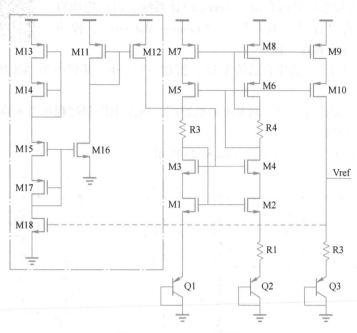

图 8-23　Bandgap 电路图

8.4.2　Bandgap 版图布局

带隙基准各组成单元的版图本章前面都已经设计好了，下面任务是布局与布线。带隙基准版图布局图如图 8-24 所示。

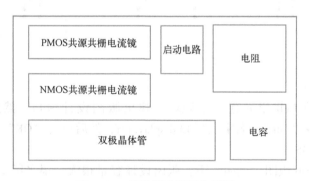

图 8-24　带隙基准版图布局图

其中放大器差分对管使用二维共质心匹配对称阵列；电流镜使用一维共质心匹配对称阵列；电流源使用一维共质心叉指阵列；补偿电容使用 PIP 电容；基准电阻和调零电阻使用多晶硅电阻。所有单元版图都加保护环。

任务实践：Bandgap 版图设计

（1）Bandgap 电路图

8-5 Bandgap 版图

1）在 Linux 操作系统里面启动 Cadence 设计系统。启动完成以后，在启动窗口依次选择"Tools"→"Library Manager"，弹出"Library Manager"（库管理）窗口。

2）在库管理窗口上，选中自己的库 LL，新建一个 Cell，并建一个 Cell 名为 Bandgap 的电路图。

3）在电路原理图设计窗口，画基准源电路图，电路图绘制过程参考本章前文的步骤，最后保存。关闭这个窗口。

画好的 Bandgap 电压基准源电路如图 8-25 所示。

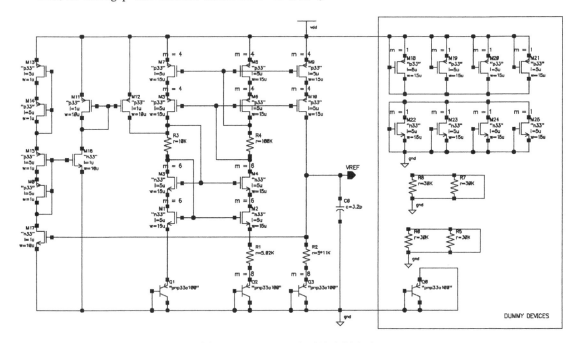

图 8-25　Bandgap 电压基准源电路

（2）Bandgap 版图

1）在 Bandgap 的 Cell 里新建一个版图，弹出版图设计窗口。然后在 LSW 窗口选择"Edit"→"Load"→"File"，名字填写 LLdisplay.drf，然后单击"OK"按钮。再设置捕获格点 X 轴、Y 轴均为 0.05。

2）开始画 Bandgap 版图。说明一下，版图设计容量很大，很多版图单元前面都做过了，这里只需要调用插入一下就可以，只给出一些关键步骤介绍，详细画版图过程略去。

3）先布局，插入前面做好的 MOS 晶体管：PMOS_ML_DUM、NMOS_ML_DUM、STARTUP；PNP 晶体管：PNP_UNIT；电阻：RES_M_10K_100K、RES_M_5K_55K；电容：CPIP 等版图单元。

4）布局做好后，画保护环。

5）保护环做好后，进行布线设计。放置输出、电源、地的图标在相应的布线上。

6）合并相同图层，清除标尺，保存。

设计好的 Bandgap 版图如图 8-26 所示。

图 8-26

（3）Bandgap 版图验证

1）版图规则验证。直到版图和所有规则都没有冲突和错误，就完成了 DRC 验证。关闭 DRC 验证窗口。

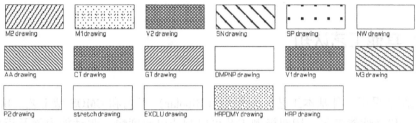

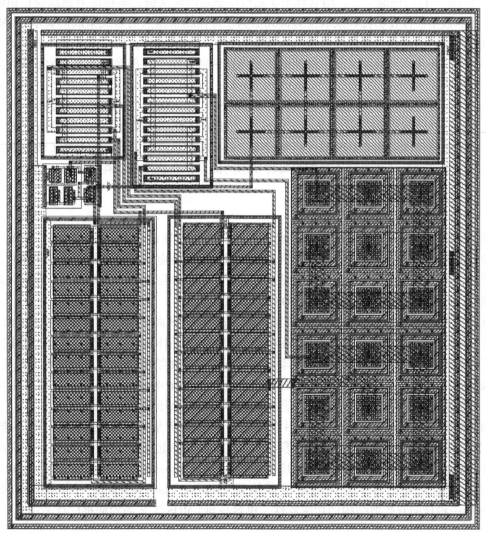

图 8-26 Bandgap 版图

2）版图和电路图对比 LVS 验证。启动 LVS，加载对应验证文件，在"Inputs"的"Netlist"里选中"Export from schematic viewer"，运行 LVS。运行结果中，有一项不匹配，是由于电路原理图导出网表文件时，模型名错误。网表文件中所有的 RP 修改为 RPHRP、PM 修改为 P33、NM 修改为 N33、PN 修改为 PNP、CP 修改为 CPIP；在 Q0、Q1 后面补充 AREA = 1e-10，$M=1$；在 Q2、Q3 后面补充 AREA = 1e-10，$M=8$，然后保存。回到"Netlist"中，取消选中"Export from schematic viewer"。

3）再次运行 LVS，直到版图和电路图对比结果中没有冲突和错误，就完成了 LVS 验证。关闭 LVS。

知识拓展：其他工艺认知

1. BiCMOS 工艺介绍

集成电路制造采用两种基本工艺：双极型（Bipolar）工艺和 CMOS 型工艺。BiCMOS 是继 CMOS 后的新一代高性能工艺。用双极型工艺可以制造出速度快、驱动能力强及模拟精度高的器件，但双极型器件在功耗和集成度方面无法满足规模越来越大的系统集成的要求；CMOS 型工艺可以制造出功耗低、集成度高及抗干扰能力强的 CMOS 器件，但 CMOS 器件速度低、驱动能力差。在既要求高集成度又要求高速的领域内这两种基本工艺都无能为力。为了兼顾速度和功耗，发展出了 BiCMOS 工艺。把 CMOS 和 Bipolar 集成在同一芯片上，发挥各自的优势，克服缺点，可以使电路达到高速度、低功耗。BiCMOS 工艺一般以 CMOS 工艺为基础，增加少量的工艺步骤而成，即将 Bipolar 工艺与 CMOS 工艺相结合的一种综合工艺，它具有双极工艺高跨导、强负载驱动能力和 CMOS 器件高集成度、低功耗的优点，因此，它具备 CMOS 和双极两种工艺的优点。设计芯片通过适当折中每种技术的优点，在速度和功耗之间可以达到一定程度的平衡。

2. BCD 工艺介绍

随着集成电路电隔离技术的发展，允许在同一芯片上集成功率 DMOS 器件、低压双极型器件和 CMOS 器件。由于 DMOS 器件具有高输入阻抗、控制电压低、开关特性好和速度高等特点。因此，用双极型和 CMOS 器件作为低压控制，用 DMOS 器件作为功率器件，在同一芯片上实现兼容，就形成了 BCD（Bipolar-CMOS-DMOS）工艺。

BCD 工艺典型器件包括低压 CMOS 晶体管、高压 MOS 晶体管、各种击穿电压的 LDMOS 晶体管、垂直 NPN 晶体管、垂直 PNP 晶体管、横向 PNP 晶体管、肖特基二极管、阱电阻、多晶电阻和金属电阻等。由于集成了如此丰富的元器件，这就给电路设计者带来极大的灵活性，可以根据应用的需要来选择最合适的元器件，从而提高整个电路的性能。通常 BCD 采用双阱工艺，有的工艺会采用三阱甚至四阱工艺来制作不同击穿电压的高压器件。

功率输出级 DMOS 器件是此类芯片的核心，它是整个集成电路的关键。DMOS 器件与 CMOS 器件结构类似，也有源、漏和栅等电极，且漏极击穿电压高。DMOS 器件主要有两种类型，垂直双扩散金属氧化物半导体场效应晶体管 VDMOS（vertical double-diffused MOSFET）和横向双扩散金属氧化物半导体场效应晶体管 LDMOS（lateral double-diffused MOSFET）。LDMOS 是一种横向双扩散结构的功率器件，更容易与 CMOS 工艺兼容而被广泛采用。

思考与练习

根据所学知识设计一个 Bandgap 电路与版图。

项目 9 I/O 与 ESD 版图设计

I/O 与 ESD 版图设计是芯片设计的一个基本单元。通过本项目版图设计的学习，可以了解集成电路中 I/O 与 ESD 位置的重要性、版图设计方法和设计要求等。本项目详细介绍了 I/O 与 ESD 版图设计需要掌握的知识，包括 Pad 构成、ESD 各种结构与具体实现电路以及版图设计注意事项等，给出了 Pad 版图设计以及 I/O 与 ESD 版图设计的详细设计过程与实践操作。

任务 9.1 Pad 版图设计

9.1.1 I/O 介绍

每个芯片（Die）都有与芯片封装外部界面相连接的接口引脚（Pin）。在芯片封装内部，这些引脚连接到金属导线（一般为金线），通过金线将外部引脚与芯片的输入/输出（Input/Output，I/O）的焊盘（Pad）相连，焊盘的金属面积一般较大，如图 9-1 所示。

图 9-1 I/O 连接

I/O 单元一般包含：绑定金属线所需的可靠连接区域焊盘；静电放电（Electro-Static Discharge，ESD）保护；与芯片内部相连的接口。数字逻辑电路还存在与 Pad 相连的输入、输出缓冲。

9.1.2 Pad 版图

Pad 作为物理焊接金线的接口，一般很大。Pad 采用最顶层金属，通常由很多金属层次的通孔来连接顶层金属与下层金属。

Pad 设计的一般规则如下。

1) Pad 设计要均匀分布在芯片的四周，放置时尽量往芯片的边缘靠拢。

2) Pad 分布要尽量分散。如果芯片上有足够大的地方，那么 Pad 要分散开且均匀排布，而且要尽量使相邻 Pad 相互离得远一些，以减少相互之间的干扰。

任务实践：Pad 版图设计

9-1 Pad

Pad 版图设计步骤如下：

1）在 Linux 操作系统里面启动 Cadence 设计系统。启动完成以后，在启动窗口依次选择"Tools"→"Library Manager"，弹出"Library Manager"（库管理）窗口。

2）在库管理窗口上，新建一个 Cell，并建一个 Cell 名为 Pad 的版图。

3）弹出版图设计窗口。在版图设计窗口中选择图层 LSW 窗口，下载显示有效图层文件 LLdisplay.drf。再设置捕获格点 X 轴、Y 轴均为 0.05。

4）开始画 Pad 的版图。以坐标 0 点为中心，依次有序插入放置通孔 V1、V2、V3，每个接触孔 Cell 间距 0.2 μm。依据设计要求放置若干个。

各层次通孔版图如图 9-2 所示。

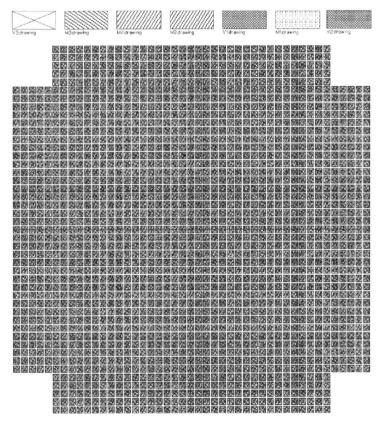

图 9-2　各层次通孔版图

5）画金属布线 M1 覆盖所有接触孔，覆盖包围间距 5 μm。画金属布线 M2 完全覆盖金属布线 M1。画金属布线 M3 完全覆盖金属布线 M2。画金属布线 M4 完全覆盖金属布线 M3。

6）画钝化层 PA，使其完全包围接触孔。

7）清除标尺，保存。

设计好的 Pad 版图如图 9-3 所示。

8）版图规则验证，直到版图和所有规则都没有冲突和错误，就完成了 DRC 验证。关闭 DRC 窗口。

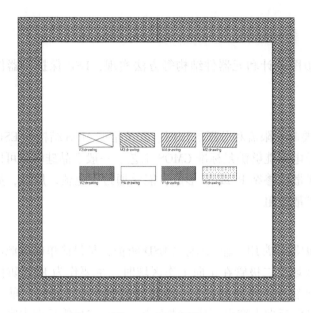

图 9-3 Pad 版图

任务 9.2 ESD 版图

9.2.1 ESD 介绍

ESD 保护电路是集成电路专门用来做静电放电保护的，此静电放电保护电路提供了 ESD 电流路径，以免 ESD 放电时，静电电流流入 IC 内部电路而造成损伤。人体放电与机器放电干扰来自外界，因此 ESD 保护电路都是做在 Pad 旁边的。一般包括：输出 ESD、输入 ESD、供电 ESD 与地 ESD。

1. 输出 ESD

一般输出级大尺寸 PMOS 与 NMOS 器件自身就可当成 ESD 保护器件来用，但是其布局方式必须遵守设计规则中有关 ESD 布局方面的规定；必要时，也需要做输出 ESD 保护旁通电流到 GND。

2. 输入 ESD

因为 CMOS 集成电路的输入 Pad 一般都是连接到 MOS 器件的栅极，栅氧化层很容易被 ESD 击穿，因此在输入 Pad 的旁边会做一组 ESD 保护电路使 ESD 电流流入 GND 来保护输入级的器件。当芯片尺寸较大时，输入 Pad 的 ESD 保护电路就必须要在输入 Pad 与 VDD 之间，同时也要提供 ESD 保护电路来直接旁通 ESD 电流。

3. 供电 ESD

在 VDD Pad 与 GND Pad 的旁边也要做 ESD 保护电路，因为 VDD 与 GND 脚之间也可能遭受 ESD 的冲击。

由于 ESD 保护电路是为了防护 ESD 而加入的，因此集成电路正常操作情形下，该 ESD 保护电路是不工作的。

9.2.2 ESD 保护元器件结构与版图

ESD 保护设计可通过工艺、版图设计和元器件结构等方法实现，ESD 保护元器件结构主要有以下几类。

1. ESD 中的电阻

当电阻用于 ESD 保护时，主要起到限流和分压的作用。在叉指型 MOS 结构的 ESD 中，串联一些电阻限流，薄膜电阻和扩散电阻能够满足标准 CMOS 工艺。一般多晶硅电阻可以作为薄膜电阻；对于扩散电阻，通过在扩散区掺杂 P⁺ 或 N⁺ 形成，能够通过大电流。所以，如果想要有大的电流导通能力，一般选用扩散电阻。

2. 二极管 ESD 防护器件

二极管作为最基本的 ESD 防护器件常用于输入/输出 ESD 防护，是最简单的电源电压箝位电路。它有正向和反向两个工作区域，二极管在正向工作区域时，主要作为 ESD 防护中箝位电路；反向工作区域时，ESD 二极管保护电路是在下一级电路遭到严重的损坏之前，二极管已经达到了反向击穿电压，二极管的反向击穿电压依工艺而定。一旦二极管反向击穿，它会像导线一样，电流可以自由通过。通常采用二极管构成的 ESD 电路如图 9-4 所示。

ESD 中二极管版图与流过其的电流密切相关，对于 N 阱 CMOS 工艺来说，在 P 型衬底上做 N 型掺杂的二极管形成 ESD 防护器件。为了尽可能快地泄放 ESD 电流，可将二极管做成环形结构，用环形的接触孔与 P 型衬底相连，N 型掺杂区通过接触孔形成一个四方形状，被环形的 P 型衬底接触包围。当 ESD 事件发生时，电流由 N 型接触流入，快速通过 P 型接触环向衬底四周流出。ESD 中简易二极管版图如图 9-5 所示，以上是衬底 ESD 二极管。通常，N 阱 CMOS 工艺可以制作 N 阱 ESD 二极管。在 N 阱中注入 P 型材料，周围被 N 型接触环包围。ESD 事件发生时，它的电流流向与衬底二极管相反。阱二极管主要应用在输入到正电源（VDD）的保护电路里；衬底二极管主要应用在输入到负电源（GND）的保护电路里。

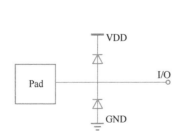

图 9-4 二极管构成的 ESD 电路

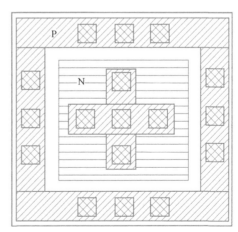

图 9-5 简易二极管版图

图 9-6 为 I/O+ESD 简易版图。版图设计中两个二极管并列一排放在一起，可以做到和 Pad 一样的宽度，并且两个二极管的版图靠近 Pad，这样可以使整个 I/O 单元面积很小。在布线时，可以把连接 Pad 的信号线用较低层金属布线连接，两个二极管版图分开留有一定布线通

道，可以让信号线通过两个二极管中间，信号通道分别连接到两侧二极管的 P 型掺杂区和 N 型掺杂区。两个二极管的另外一端分别通过金属布线连接电源与地。

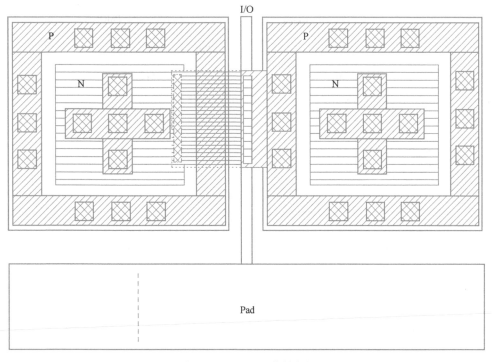

图 9-6 I/O+ESD 简易版图

3. 基于 MOS 晶体管的 ESD 器件

MOS 晶体管是最常用的 ESD 保护器件之一，已广泛被业界采用。制造工厂提供给设计公司的规则文档中一般只有 MOS 晶体管的规范，下面对 MOS 晶体管构成 ESD 的结构进行分析。

（1）GGNMOS（Gate-Grounded NMOS）结构

将 NMOS 晶体管的栅极、源极和衬底短接至地，漏极接 I/O 口和焊盘。这种栅极接地 NMOS 晶体管简称为 GGNMOS，如图 9-7a 所示。那么 GGNMOS 二极管由栅源相接的 NMOS 二极管组成，在正常工作情况下不影响内部电路工作，当 ESD 事件来临时，GGNMOS 二极管正向和反向都有可能导通，这由潜在的 ESD 路径决定，ESD 电流总会流向低阻路径。通常 GGN-MOS 二极管作为正向二极管箝位；GGNMOS 作为反向二极管，依靠漏极与衬底之间的雪崩击穿触发后形成低阻通路泄放 ESD 电流。

（2）GDPMOS（Gate-to-VDD PMOS）结构

GDPMOS 类似于 GGNMOS，如图 9-7b 所示。PMOS 晶体管的漏极接 I/O 口和焊盘，栅极、源极和衬底短接至电源（VDD），因此 GDNMOS 二极管由栅源相接的 NMOS 二极管组成。

栅极接地的 GGNMOS 与栅极接电源 GDPMOS 版图设计时，为了提高 MOS 晶体管的泄放 ESD 电流的能力，就需要将 MOS 晶体管的漏极有源区的面积做得很大。在 ESD 保护电路中，通常将 MOS 晶体管做成叉指结构，简易版图如图 9-8 所示。将长栅 MOS 晶体管分成多个 MOS 晶体管并联，同时实现部分 MOS 晶体管源、漏区之间的共享。漏区面积很大，与第一层金属布线相连。

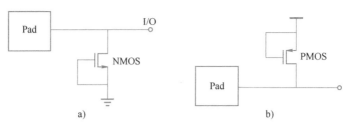

图 9-7　GGNMOS 和 GDPMOS 的 ESD 电路

a) GGNMOS　b) GDPMOS

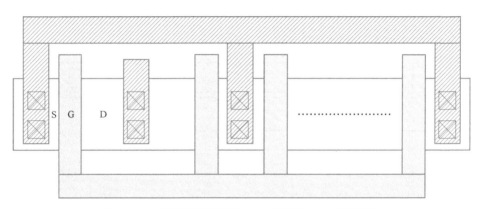

图 9-8　大漏区面积的叉指 MOS 晶体管 ESD 简易版图

（3）GCNMOS（Gate-Coupled NMOS）结构

当 ESD 事件来临时，若能耦合一定高电位至 NMOS 晶体管的栅极，促使 NMOS 晶体管的反型层沟道形成，部分 ESD 电流可以由经 NMOS 晶体管的沟道泄放。出于这种思路，于是有了栅极耦合技术。与 GGNMOS 的结构相比栅极不再直接接地，而是通过一个电阻接地，漏极和栅极之间可以接一个耦合电容，或者直接利用栅极和漏极寄生电容，减小了触发电压和导通时间。

栅极耦合 NMOS 晶体管组成的 ESD 电路如图 9-9 所示，NMOS 晶体管栅极通过一个电阻接地。由于栅极和漏极间寄生电容的存在，ESD 瞬态正电压加在 Pad 上时，NMOS 上的栅极也会耦合一个瞬态正电压，栅极电压由电阻放电到地，这个瞬态电压持续的时间由栅极和漏极寄生电容以及栅地接地电阻组成的 RC 时间常数决定。

栅极耦合 NMOS 电路的 MOS 器件版图使用叉指结构，每个叉指的漏极大小相等，从而保证漏极均匀开启。栅极接地

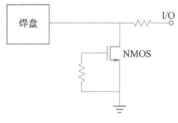

图 9-9　栅极耦合的 NMOS
晶体管电路

电阻应保证可以流过大电流。为了进一步降低输出驱动上 NMOS 在 ESD 事件发生时两端的电压，可在 ESD 保护器件 I/O 与焊盘之间加一个限流电阻。这个电阻不能影响工作信号，因此不能太大。

因为 ESD 保护设计中电阻是起限流和隔离的作用，这里一般考虑多晶电阻和阱电阻两种。信号传输线上的限流电阻起到限流和暂时隔离静电冲击内部电路的作用，在画版图时通常采用

多晶硅电阻。栅极接地电阻采用 N 阱扩散电阻，以保证可以流过大电流。版图实现方式为长条状，如果条件允许情况下尽量不要折叠，否则会引起一些不可估计的状况。

（4）GCNMOS（Gate-Coupled NMOS）和 GCPMOS（Gate-Coupled PMOS）结构

将栅极耦合接地的 NMOS 晶体管与栅极耦合接电源的 PMOS 晶体管组合在一起构成输入信号 ESD 保护电路如图 9-10 所示。

如图 9-11 所示为栅极耦合 MOS 晶体管 ESD 版图。版图中左边是 PMOS 晶体管，右边是 NMOS 晶体管，均采用叉指结构。

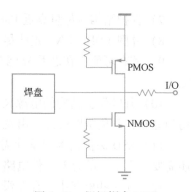

图 9-10 栅极耦合 MOS
晶体管的 ESD 电路

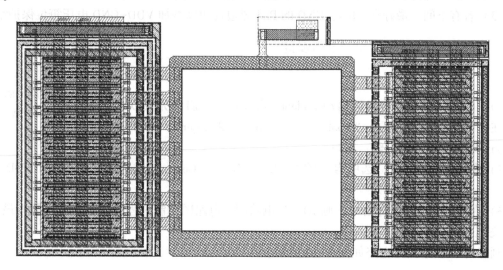

图 9-11 栅极耦合 MOS 晶体管 ESD 版图

9.2.3 ESD 版图设计注意事项

目前 CMOS 工艺芯片制造采用的 ESD 防护器件主要是 MOS 晶体管，在进行 ESD 保护电路版图设计时，需要注意如下几方面。

1）所有的 MOS 晶体管必须以指状排布。版图中 MOS 器件的接触孔面积一定要开得较大，这样可以有效降低接触电阻，避免 ESD 大电流通过时产生不均匀的情况而引起二次击穿。

2）MOS 晶体管的源极和漏极的接触孔数量必须相等，并且等距排布。

3）必须将大尺寸 MOS 晶体管的漏极接触孔离栅极的距离设置得较大，因为在释放静电电荷时会在栅极和漏极之间的沟道内瞬间形成很大的电流。所以只有保证栅极与漏极接触孔的距离足够大，才能使器件的电流尽量地远离沟道。

4）在版图空间允许的情况下，可以考虑使用双排的接触孔。

5）PMOS 晶体管的源端要靠近 N⁺ 保护环，NMOS 晶体管的源端要靠近 P⁺ 保护环。

6）ESD 保护器件要有合适的保护环。由于工艺水平的不断改进，电路出现闩锁现象的机会增多，因此在设计中对于 PMOS 加 N⁺ 保护环，对于 NMOS 加入 P⁺ 保护环。为了实现噪声降低的目的，可在保护环之间加入隔离环。

7）保护结构应尽量靠近 Pad，保证 ESD 事件发生时能够及时通过近端释放通道。

8）外围 VDD、GND 走线尽可能宽，以减小走线上的电阻。

9）若有可能，在芯片外围放置多个 VDD、GND 的 Pad，也可以增强整体电路的抗 ESD 能力。

10）外围保护结构的电源及地的走线尽量与内部走线分开，外围 ESD 保护结构尽量做到均匀分布，避免版图设计上出现 ESD 薄弱环节。

11）ESD 保护结构的设计需要考虑 ESD 性能、芯片面积、保护结构对电路特性的影响，还需要考虑工艺的容差，使电路设计达到最优。

12）在一些电路中，存在没有直接的 VDD-GND 电压箝位保护结构，此时，VDD-GND 之间的电压箝位及 ESD 电流泄放主要利用芯片整个电路的阱与衬底的接触。所以外围电路要尽可能多地增加阱与衬底的接触，并且 N⁺ 接触到 P⁺ 接触的间距应一致。

13）若有空间，最好在 VDD、GND 的 Pad 旁边及四周增加 VDD-GND 电压箝位保护结构。

任务实践：I/O 与 ESD 版图设计

1. 电路图设计

9-2 IO 与 ESD 版图

1）在 Linux 操作系统里面启动 Cadence 设计系统。启动完成以后，在启动窗口依次选择 "Tools" → "Library Manager"，弹出 "Library Manager"（库管理）窗口。

2）在库管理窗口上，选中自己的库 LL，新建一个 Cell，并建一个 Cell 名为 IOESD 的电路图。

3）在电路原理图设计窗口，画 IOESD 电路图，电路图绘制过程参考以前的步骤，最后保存。关闭这个窗口。

画好的 I/O 与 ESD 电路如图 9-12 所示。

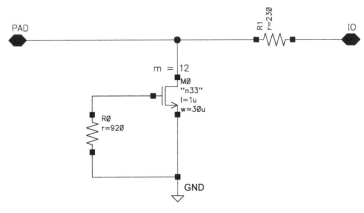

图 9-12　I/O 与 ESD 电路图

2. 版图设计

下面开始画 I/O 与 ESD 版图。步骤如下：

1）在 IOESD 的 Cell 里新建一个版图，弹出版图设计窗口。在版图设计窗口中的选择图层 LSW 窗口，下载显示有效图层文件 LLdisplay. drf。再设置捕获格点 X 轴、Y 轴均为 0.05。

2）开始画版图。说明一下，版图设计容量挺大，很多版图单元前面都做过了，这里只需要调用插入一下就可以了，这里只给出一些关键步骤介绍，详细画版图过程略去。

3）先画 ESD 版图，MOS 晶体管漏极用金属布线 M1 连接，MOS 晶体管源极用金属布线 M2 连接，栅极用金属布线 M3 连接。P 型保护环包围 MOS 晶体管接地，N 型保护环包围电阻 RPP2 接 VDD。

4）插入 Pad 和电阻 RPP2，放置在合适位置，N 型保护环包围电阻 RPP2 接 VDD。然后进行布线。

5）放置图标 VDD!、GND!、Pad、IO 在相应的布线上。

6）合并相同图层，清除标尺，保存。

设计好的 I/O 与 ESD 版图如图 9-13 所示。

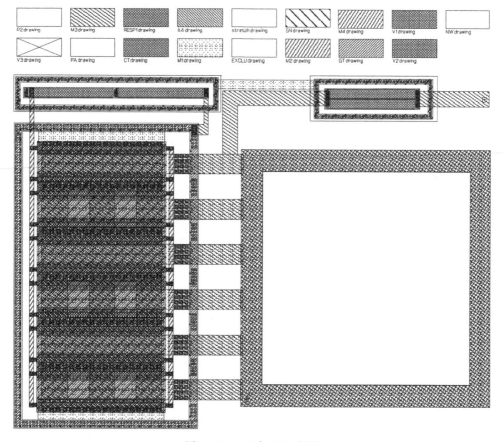

图 9-13　I/O 与 ESD 版图

3. 版图验证

1）版图规则验证。直到版图和所有规则都没有冲突和错误，就完成了 DRC 验证。关闭 DRC 验证窗口。

2）版图和电路图对比 LVS 验证。启动 LVS，加载对应验证文件，在“Inputs”的“Netlist”里选中“Export from schematic viewer”，运行 LVS。运行结果中，有一项不匹配，是由于电路原理图导出网表文件时，模型名错误。网表文件中所有的 NM 修改为 N33、RP 修改为 RPP2。然后保存。回到“Netlist”中，取消选中“Export from schematic viewer”。

3）再次运行 LVS，直到版图和电路图对比结果中没有冲突和错误，就完成了 LVS 验证。关闭 LVS。

思考与练习

设计一个 VDD-GND 之间的电压箝位结构，且在发生 ESD 时能提供 VDD-GND 直接低阻抗电流泄放通道。

附　录

附录 A Virtuoso 快捷键

表 A-1　Virtuoso Layout Editor 快捷键鼠标操作

操　作	说　明
单击	单击左键选中一个图形（如果是两个图形交叠的话，单击左键，会选中其中一个图形，再单击左键，则选中另一个图形）
左键框选	用左键框选，选中一片图形，某个图形要被完全包围才会被选中。单击中键可调出常用菜单命令
右键框选	右键框选用来放大。放大后经常配合〈F〉键使用，以恢复到全部显示

表 A-2　Virtuoso Layout Editor 快捷键快捷键操作

键　名	说　明
F1	显示帮助窗口
F2	保存
F3	这个快捷键很有用，是控制在选取相应工具后是否显示相应属性对话框的。比如在选取 Path 工具后，想控制 Path 的走向，可以按〈F3〉键调出对话框进行设置；再如在复制移动时，按〈F3〉键，可出现设置对话框，可以设置复制几行几列，rate（旋转）、sideway（左右镜像翻转）、updown（上下镜像翻转）
F5	打开
Ctrl+A	全选。这个和 Windows 操作系统的功能是一样的
Shift+X	去某一级（Go to Level），进入下等级（Hierarchy）层
Shift+B	Return。这个命令就是层次升一级，升到上一级视图
Esc	中断或取消某个命令
Shift+C	裁切（Chop）。首先调用命令，选中要裁切的图形，然后画矩形对选中的图形进行裁切
C	复制。复制某个图形
Shift +D	取消选择，可以实现部分取消。也可用单击空白区域实现全部取消
Ctrl+F	显示上层等级 Hierarchy
Shift+F	显示所有等级
F	满工作区显示。就是显示所画的所有图形
G	是开关引力（Gravity）。可以吸附到就近图层
I	插入模块（Instance）
K	标尺工具（Ruler）
Shift+K	清除所有标尺
L	标签工具（Label）。标签要加在特定的图层上

（续）

键　　名	说　　　　明
Shift+M	合并工具（Merge）
M	移动工具（Move）。单击"Move"按钮后，选中要移动的图形，然后在屏幕上任意一处单击，这个就是确定移动的参考点，然后就可以自由移动了。这个也可以先选中一个图形，移动光标，当光标箭头变成十字方向的时候就可以拖动来实现
P	插入 Path 图形
Shift+O	旋转工具（Rotate）
Ctrl+P	插入引脚（Pin）
Shift+P	多边形工具（Polygon）
Q	图形对象属性。经常用来更改图形属性，必须先选中一个图形
R	矩形工具（Rectangle）。绘制图形时用得最多的工具
S	拉伸工具（Stretch）。要求是先框选要拉伸图形，然后再拉伸
Shift+T	层次切换
T	层切换（Layer Tap）。按〈T〉键后单击一个图形，就自动切换到刚点击图层上
U	撤销（Undo）
Shift+U	重做（Redo）。恢复撤销的命令
V	关联（Attach）。将一个子图形（child）关联到一个父图形（parent）。关联后，若移动父图形，子图形也将跟着移动；移动子图形，父图形不会移动。可以将 Label 关联到 Pad 上
Y	区域复制（Yank）。和 Copy 是有区别的，Copy 只能复制完整图形对象；而 Yank 可以进部分图层和图形进行复制
Shift+Y	粘贴 Paste。配合 Yank 使用
Ctrl+Z	视图放大两倍（Zoom In by 2）
Shift+Z	视图缩小一半（Zoom Out by 2）
Tab	平移视图。按〈Tab〉键，单击视图区中某点，视图就会移至以该点为中心
Delete	删除
BackSpace	撤销上一点。不用因为 Path 一点画错而删除重画，可以撤销上一点
Enter	确定一个图形的最后一点。也可双击结束
Shift+方向键	移动鼠标。每次可以移动半个格点的距离
方向键	移动视图

表 A-3　Virtuoso Schematic Editor 快捷键

键　　名	说　　　　明
X	检查并存盘
S	存盘
[	缩小
]	放大
F	整图居中显示
U	撤销上一次操作
Esc	清除刚键入的命令
C	复制

（续）

键　名	说　　　　明
M	移动
Shift+M	移动元器件但不移动连线
Delete	删除
I	添加元器件
P	添加端口
R	旋转元器件并拖动连线
Q	属性编辑
L	添加线名
Shift+L	标注
N	添加几何图形
Shift+N	添加标号
M+F3	器件翻转
Shift+E	查看底层电路
Ctrl+E	还回顶层电路
G	查看错误
W	连线

附录 B 版图设计中的常见问题与注意事项

1. 版图设计中的常见问题

（1）布局布线问题

布局布线是一个全局问题。首先确定各模块的位置，在确定位置的时候需要考虑：各输入和输出之间的连线最短；各模块的端口方便连接焊盘；高频线距离尽量短；输入和输出之间相隔比较远等。在摆放好各模块后布局有时会做调整，但大局不变。

布线一般规则是单数层金属布线和双数层金属布线垂直，目的是各层能方便布线，排得密集。在布线较稀疏的情况下可以变通。

（2）敏感线问题

对于敏感线来说，确保在它的走线过程中尽量没有其他走线交叉。因为走线上的信号必然会带来噪声，交叉走线会影响敏感线上的信号。

对于要求比较高的敏感线，则需要做屏蔽。方法是在它的上下左右都布金属线将其包围起来并接地。例如 M2 为敏感线，则下层用 M1、上层用 M3、左右用 M2 布线，并且这些线均接地，像电缆一样把敏感线包围起来。

（3）匹配问题

版图需要匹配，需要考虑对称问题。例如 1:8 的匹配，则可以做成 3×3 的矩阵，"1"放在正中间，"8"放在四周，布置成中心对称形式。如果是 2:5 的匹配，可以布置成 AABABAA 矩阵。需要匹配和对称的器件，摆放方向必须一致，周围环境尽量一致。

（4）噪声问题

噪声问题处理的最常用方法是在元器件周围加保护环。NMOS 晶体管做在衬底上，因此周围的保护环是 P+ 并接地；PMOS 晶体管做在 N 阱里，因此周围的保护环是 N+ 接电源；一个模块需要和其他模块隔离，保护环用 N 阱环并接电源；一般 NMOS 晶体管和 PMOS 晶体管排列成两排，每排同类型晶体管做一圈保护环。

（5）电流问题

画模拟版图首先要注意的是线宽问题。计算每条支路上的电流，对于大电流支路，线宽一定要满足电流，但也不能太宽，否则寄生电容会很大。可以采用几条金属线上下重叠的并联方式，这样宽度小了电流又能满足需要。版图设计需要注意电路结构和元器件尺寸是否合理并容易实现。

（6）ESD 问题

需要在输入和输出口、电源和地之间，不同的电源之间都做 ESD。

对于栅极直接接到 Pad 的电路，在栅极与 Pad 之间接一个电阻，电流流进来的时候不容易将栅极击穿。并在该 Pad 两边最好放 GND 和 VDD 的 Pad，这样电流容易往两边走。

（7）滤波电容问题

在电路的空隙地方填入滤波电容。NMOS 晶体管的源漏极接地，栅极接电源；PMOS 晶体管的源漏极接电源，栅极接地。

（8）天线效应问题

大面积的第一层金属在接栅极时候，会收集电子使得电压升高而击穿栅氧化层。这时需要将大面积金属与栅极断开，栅通过金属布线往上层连接，最后再返回到大面积金属层。

2. 版图设计中的注意事项

1）完成每个 Cell 后要归原点。

2）尽量用最上层金属接出 PIN。

3）电容一般最后画，在空档处拼凑。

4）晶体管的沟道上尽量不要布线，M2 布线的影响比 M1 布线小。

5）电容上下极板的电压要均匀分布，电容的长宽不宜相差过大，可以多个电容并联。

6）多晶硅栅不能两端都打孔连接金属。

7）用作布线的栅，栅上的孔最好打在栅的中间位置。

8）接触孔面积允许的情况下，能打越多越好，尤其是输入和输出部分，因为电流较大。传输线越宽越好，因为可以减少电阻值，但也增加了电容值。

9）金属通孔可以嵌在有源区接触孔中间。

10）两段金属连接处重叠的地方注意金属线的最小宽度。

11）布局各个小 Cell 时注意不要挤得太近而没有走线空间，导致线只能从元器件上跨过去。

12）芯片内部的电源线/地线、ESD 上的电源线/地线、数模信号的电源线/地线分开。

13）在匹配 MOS 晶体管的左右画 Dummy 晶体管。

14）通孔不要打在电阻、电容边缘上面。

15）电阻连接处通孔越多，各个通孔的电阻是并联关系，通孔形成的电阻变小。

16）Dummy 电阻是为了保证处于边缘的电阻与其他电阻蚀刻环境一样。

17）匹配版图的栅如果横着布线，与之相连接的金属应竖着布线。

18）金属布线上电压很大时，为避免尖角放电，拐角处用斜角，不能走 90°的直角。

19）层次化版图设计中，Cell 中间的布线尽量在低层 Cell 中布完，不要放在较高层 Cell 中布线，特别不要在最高层 Cell 中布线。如果最高层 Cell 的布局改动，那么布线容易会因为 Cell 的改动而混乱。

20）检查布线时将线高亮显示，便于找出可以合并或是缩短距离的金属布线。

21）在绘制版图的时候，如果层次很多，有些层又暂时用不着，可以将其屏蔽，可以通过 LSW 上的 AV（all visible）、NV（none visible）、AS（all selectable）、NS（none selectable）来实现。

22）Text、y0 层只是用于做检查或标志用，不用于光刻制造。

23）确保所有的 Label 均被识别出来，尤其是 VDD 和 GND 的。Label 用哪一层金属都可以，只要将其中心点包含到要标识的那个金属条里就行，否则做 LVS 时识别不了。

参 考 文 献

[1] 曾庆贵. 集成电路版图设计 [M]. 北京：机械工业出版社，2008.

[2] 居水荣. 集成电路版图设计项目化教程 [M]. 北京：电子工业出版社，2020.

[3] 陆学斌. 集成电路版图设计 [M]. 北京：北京大学出版社，2018.

[4] 尹飞飞. CMOS 集成电路版图设计与验证 [M]. 北京：电子工业出版社，2016.

[5] 余华，师建英. 集成电路版图设计 [M]. 北京：清华大学出版社，2016.

[6] 陆学斌. 集成电路 EDA 设计：仿真与版图实例 [M]. 北京：北京大学出版社，2018.

[7] 谭莉. 集成电路版图设计简明教程 [M]. 北京：机械工业出版社，2016.

[8] 杜成涛，方杰，张德平. 集成电路版图设计技术探究 [M]. 合肥：中国科学技术大学出版社，2021.

[9] 刘睿强，徐雪刚. 集成电路版图设计实训 [M]. 成都：电子科技大学出版社，2011.

[10] 刘峰. CMOS 集成电路后端设计与实战 [M]. 北京：机械工业出版社，2015.

[11] 塞因特. 集成电路掩模设计：基础版图技术 [M]. 周润德，金申美，译. 北京：清华大学出版社，2006.

[12] 赛因特 C，赛因特 J. 集成电路版图基础：实用指南 [M]. 李伟华，孙伟锋，译. 北京：清华大学出版社，2020.

[13] 格雷. CMOS 集成电路版图-概念方法与工具 [M]. 邓红辉，王晓蕾，等，译. 北京：电子工业出版社，2006.

[14] ALAN，HASTINGS. 模拟电路版图的艺术 [M]. 张为，译. 北京：电子工业出版社，2021.

[15] 贝克. CMOS 电路设计、布局与仿真：第 2 卷 [M]. 2 版. 刘艳艳，译. 北京：人民邮电出版社，2008.